赢在守纪律，胜在执行力

郑和生◎编著

吉林出版集团股份有限公司

图书在版编目（CIP）数据

赢在守纪律，胜在执行力 / 郑和生编著. — 长春：
吉林出版集团股份有限公司, 2018.7

ISBN 978-7-5581-5218-4

Ⅰ.①赢… Ⅱ.①郑… Ⅲ.①纪律性 – 通俗读物
Ⅳ.①B824.3-49

中国版本图书馆CIP数据核字（2018）第134141号

赢在守纪律，胜在执行力

编　著	郑和生	
责任编辑	王　平　史俊南	
开　本	710mm×1000mm　　1/16	
字　数	240千字	
印　张	17	
版　次	2018年10月第1版	
印　次	2018年10月第1次印刷	
出　版	吉林出版集团股份有限公司	
电　话	总编办：010-63109269	
	发行部：010-67208886	
印　刷	三河市天润建兴印务有限公司	

ISBN　978-7-5581-5218-4　　　　　　　　　定价：45.00元

前言

　　在西方文化中，纪律原本的意思带有不可避免的宗教内涵，而且是附着了种种意义的历史衍延，这些意义包括学科、学术领域、课程、纪律、严格的训练、规范、戒律、约束以至熏陶等。细观之，可以发现在我们生活的各个领域，在各个领域的各个部分，纪律时时刻刻伴随着我们，正如莎士比亚说的那样"纪律是达到一切雄图的阶级"。

　　如果说文化是贯穿一个团队的生命线，那么纪律就是这条生命线上跳动的音符，团队纪律文化是团队文化形成的保证。在现代这个竞争激烈的社会，不管是个人、集体，还是整个社会，都需要严格思想作风纪律建设活动，以保证其发展的后劲有力。一个团体的健康发展，是要靠优秀的团队文化作为支撑，而团队中所有员工对团队文化的贯彻落实才是保证这个集体战略思想、管理理念和管理制度直接转化成利益、效益的途径，在这个过程中，是纪律促进了员工们责任意识的提高、良好行为习惯的养成、学习新知识能力的强化、团结协作精神的加强。纪律，是执行力的保证，是员工贯彻单位制度的保证，是成全个人完美人生的保证！

　　对于个人来说，没有纪律的约束，个人就很难成功；对于军队来说，没有军队就没有了一切；对于企业来说，没有纪律为其各项措施做后盾，这个企业更是没有了生命力。纪律是严明的，有时甚至是残酷的。世界上的事情都有两面性，如果没有纪律的约束，我们的行为就极容易泛滥成堕落。对于员工来说，千万不要把纪律当成洪水猛兽，因为公司如果没有了纪律，就像是一盘散沙，企业在这个高速发展的社会便没有了立足之地，如果连自己的公司都丢了，自己吃饭的饭碗还安在啊？

正所谓，领导是有情的，管理是无情的，制度是绝情的。一个有纪律的工作团队，其工作目标明确、职责范围清楚、管理者对待员工公平公正。在这样的工作团队中工作，员工会感到心情非常舒畅，管理者也能因培养了有纪律的工作团队而获益。因为在这样的环境中，问题相对较少，而职业道德和工作效率却要比平均水平高得多。与此同时，离职串岗以及与之相关的资金费用和培训费用还能相应地减少。

一个有纪律的工作团队实在是企业的一笔财富。纪律是成就的护栏。从没听说过一个人把纪律置之一边，却能取得巨大的成就。每一个伟人在自己内心深处都有一种责任、纪律来约束自己的行为，正是严于律己才使他们成为人人敬仰的伟大人物。

同样，执行力的强弱，不但是一名员工是否优秀的标准之一，同样也是决定一个团队成败的重要因素，也是构成一个团队核心竞争力的重要环节。比尔·盖茨就曾坦言："微软在未来10年内，所面临的最大挑战就是企业员工执行力的培养。"当然，我们不可否认创意、战略及经营方式的重要性，但是这一切的实现都需要强有力的执行力作为保障，没有了执行，这一切也只能是空谈。执行力的强弱，又直接反映出这些创意和战略是否发挥出其应有的作用。只有自发执行，才是有效执行，才是真正的执行。

总之，企业的发展壮大是强化企业管理和进行文化再造相互作用的结果，从企业制度到企业文化，从企业文化到企业效益，这些全离不开纪律的导向，纪律性和执行力在这种循环中保证了企业文化、企业制度与企业管理的完美结合，最终实现企业经济效益的提高和企业长期的健康发展。

CONTENTS 目录

第五章　有责任心才能遵守纪律

第六章　员工要对工作负责，忠诚于使命

第七章 让尽职尽责成为习惯

第八章 执行力代表着你的工作能力

第九章   缔造完美执行力

第一章

无规矩
不成方圆

01

懂得服从权威才能成为权威
——服从纪律是前途的指挥棒

作为下属，对领导的绝对服从是第一位的。下级对上级的服从是上下级开展工作、保持正常工作关系的首要条件，是彼此融洽相处的一种默契，也是领导观察和评价其下属的一个尺度。

我们经常会看到一些纪律观念和服从意识差的人，他们或者是身无所长，进取心不强，对领导的命令不及时服从；或者觉得自己怀才不遇，恃才傲物，看不起领导。"谦受益，满招损"，一个人越是感叹自己怀才不遇，越是容易阻断展现自己才能的机会，这样的员工不是能力不强，而是手高眼低，其实他们还不如那些才能不如自己，但肯服从领导命令的人呢。一个高效的企业必须有良好的运行机制，在这样的企业里服从权威是深入人心的。在一个优秀的员工的头脑里，始终都把服从权威作为自己行为导航，在他们心中上司的地位、上司给的责任，上司对他们发布的命令是最重要的；同时公司的权威、集体的利益，不允许下属抗令而行。在任何一个团队里，如果下属不能做到无条件地服从上司的命令，那么就很难在完成任务时达成上下一心，然而，如果团队里的每一个职员都能做到严格执行上级命令，那么他们就能发挥出超强的执行能力，使团队胜人一筹。对于职员来说，即使上司的决定不如你意，哪怕他们的意见与你完全相反，你也应该顾全大局，为了公司放弃自己的意见，尽心尽力地去执行上司的决定。如果你在执行任务期间，发现公司的决议确实是错误的，那么你要尽可能地把公司由于决策上的失误而造成的损失降到最低限度。

道格拉斯·麦克阿瑟将军是一个屡立战功的人，然而在后来，杜鲁门总统却解除了他的职务，杜鲁门为何要解除他的职务呢？朝鲜战争的失败只是其中的一个原因。杜鲁门总统在解除其职务时对他解除麦克阿瑟将军的原因做出了解释，他之所以终止麦克阿瑟将军的政治生涯，是因为麦克阿瑟将军经常不服从上级指令，由于他不满意上级的命令，又不得不服从，所以经常对他的上司进行人身攻击。

20世纪20年代末30年代初经济危机期间，一些退伍军人到华盛顿向政府请愿，要求政府给他们发放现金津贴。当时的在任总统胡佛指示不要动用军队对付示威者，然而时任陆军参谋长的麦克阿瑟却不顾总统的指示，用军队驱散了示威的人群。由于麦克阿瑟的这些行为，杜鲁门对其印象不佳，但是由于麦克阿瑟的能力非凡，第二次世界大战结束后，杜鲁门总统还是对他委以重任。麦克阿瑟当时是日本的绝对统治者，他在日本实行的各项政策使日本基本上消除了军国主义、法西斯主义，走上了社会经济迅速发展的道路。但是麦克阿瑟在没有经过华盛顿批准的情况下，擅自将驻日美军削减了一半。麦克阿瑟的这种举动使杜鲁门总统大为恼火，他这种目中无人的做法也在军中形成了恶劣的影响。战争结束后，杜鲁门总统曾经两次邀请麦克阿瑟回国参加庆典，但是都被麦克阿瑟以"日本形势复杂"为由回绝了。杜鲁门总统终于在1951年4月11日，下令撤消了麦克阿瑟的一切职务。为了使麦克阿瑟认识到自己的问题，杜鲁门总统通过新闻广播来宣布对麦克阿瑟的处分，没有任何思想准备的麦克阿瑟听到这一消息之后，表情呆滞，他万万没有想到，功勋卓著的他会被总统撤消一切职务。

服从上级指令不仅是在战场上、政坛上，同样的，在公司企业里，如果不能与上司保持友好合作关系，不对上级命令严格服从，只会给公司带来严重的后果。要忠于公司，当然不意味着就非得同意上司的见解。在公司中，必须要保持上级指挥下级，下级服从上级的制度。若不注意这一点，不但会给本人和上司造成麻烦，公司的业务进展也会不顺利。服从也存在善于服从、善于表现的问题。同样是服从领导，但是每个人在领导心目中的位置却大不相同。下属应该以服从为第一要义，但在具体的服从过程中则要在以下几个方面进行表现。

（1）配合文化知识等方面有欠缺的领导。当今社会是一个科学技术飞速发展的时代，但现在有些领导由于参加工作早，自身的文化基础不是很好，专业知识也不是很精通。这样的领导在面对那些高学历的下属面前多多少少会有一点自卑，这导致他们对下属对自己的评价这方面反应很敏感，而且这也会使他们在给下属下达命令的时候很谨慎。作为员工来说，就应该多多向领导上司学习管理经验，要像他们一样用智慧和才干来弥补在专业知识上的不足，要做到主动献计献策，在工作期间积极配合好领导，表现出对领导的尊重与支持，只有这样才能施展自己的才华，成为领导的左膀右臂。

（2）在服从中显示才智。在公司中，一项工作的执行情况与成功程度往往取决于下属服从与否。在一个公司里，那些才华出众、精通专业技巧的"专家型"下属总是受到领导额外的礼遇。而这些人受到领导的优待，首先是要有过硬的本事，其次他们总是想方设法在工作中发挥自己的聪明才智，他们总是会认真在地执行领导上司交代的各项任务，巧妙地弥补领导的不足，在服从中显示自己的不凡。

（3）勇于接下棘手的任务。在一个企业中，领导之所以称为领导，在于他们有能力去处理各种问题，例如，难办的客户，下属之间的矛盾，工作中的经费问题，影响领导自己的人际关系等等这样的事情，他会因此而感到很烦闷，如果在此期间没有人愿意陪他去承担这些，那么你在这个时候你就要勇敢地站出来承担。在关键时刻，主动站出来，服从领导的安排，为领导解燃眉之急，领导会大为感激，这种在关键时刻的服从与付出，达到的效果往往要比平时服从10次还能打动领导，会给领导留下深刻印象。也许领导的能力有限，也许他处世不够圆滑，也许他还没有你优秀，他身上也有诸多小毛病，但无论如何，他都是能够领导你的人，他下达的命令，代表着公司对你下达的命令，所以员工都必须做到以服从领导为第一要义，这样的服从，不是服从领导的意愿，而是公司的意愿。每个圈子里都有自己的规则，除非你能跳出这个圈子，否则你必须遵守规则。职场从某种角度上说如同战场，尤其是在"服从"这个问题上，服从就是规则，服从就是天职，只要还在职场上打拼，你就必须遵守这个规则。

服从上级就是服从人性。人性有善恶，领导也是凡人，在组织中如何抑制上级人性中的恶、张扬上级人性中的善，是职场中必须要解决的一个问题。有些年轻人经常遇到的问题是：为什么上级总给我穿"小鞋"？那么，你有没有自问过：你在平时的工作中尊重或者服从这个上级了吗？你在接到他的命令时是心悦诚服吗？在生活中，我们可以决定选什么样的人做朋友，可以决定一日三餐吃什么，我们可以决定加入什么样的公司，但却无法决定这个公司安排谁来做你的领导。对于一个优秀的员工来讲，要善于把领导变成自己成长中的伯乐，去尊重他，服从他，也只有这样随时做好服从的准备，你的工作才会有一个美好的前途。

02

服从让你摆脱冷遇

——服从纪律是一种有效的资源

参加工作后，无论你的能力如何都必须记住：是你去适应公司的环境和规矩，而不是公司为新来的你而改变自己的环境和规矩。任何人在一个环境中如果得不到接纳和认可，都要从自身找原因，而不能归结为是环境的原因。从根本上说，职场新人受到"冷遇"是不能给自己的角色以正确定位，即使观点正确也要明白你在公司的角色是什么。仅仅是普通的一般职员，你没有任何资本和资格对这对那妄加评论，什么事情要多看、多听，少说多做。因为新人的叛逆性，职场新人受到"冷遇"是很正常的，关键是要找出自己受到冷遇的原因，并迅速改变它，给自己的角色以合理定位。

在你的团队里，面对你的上级，应该借口少一点，行动多一点。在企业中经常会遇到这种情况：一些主管接受一项业务时，不是马上就把事情做了，而是先让交代任务的人走开。"我现在很忙，先放在这"，好像马上去做就会显得自己不权威、不繁忙。其实，服从应该是直截了当的。在企业中，需要这种直截了当、畅通无阻的传递过程。没有"顾忌"、没有"烦琐"、无须"协调"、无须"磨合"，全力而迅速地执行任务。这是一个非常重要的指标，是管理效能的一个非常重要的方面。当然接受服从之后沟通是必须具备的，企业主管做出的任何一个决策都不是一拍脑门就决定的，他的工作是系列化的，你的某项任务只是其中的一个环节，不要因为你这一环节影响到主管工作的进程，他之所以将任务分配给你，包含了他个人的判断，而你认为"不可行"，那只是你的判断。你可以先接受他分配给你的任务，如果在执行过程中出现了问题，再去和主管沟通。你不应该马上推辞，并列出一堆理由来说明你的困难，这是最不受领导欢迎的。同时，你必须学会随命令而动。立即行动是一种服从的精神。企业也应该具有这种精神——随命令而动，不能有一时一刻的拖延，因为每一个环节都即令即动，才能积极高效地、在第一时间内出色地完成既定的任务，从而使企业成长为"坚不可摧"的组织。在这个世界上，每个人都必须学会服从，不管你身在何机构，地位有多高，个人的权利都有其必然的限制。美国参谋长联席会议主席的负责对象是三军总司令——美国总统，而总统则必须服从于国会及全体国民；企业界也一样，即使是国际大企业的总裁，也要服从于董事会、股东和消费者。上司的成败，在很多情况下就取决于是否学会了真正的服从。服从的本质就是遵从上级的指示行事。服从必须放弃个人的主见，一心一意地服从其所属企业的价值理念和标准。一个人在学习服从时，对其企业的价值理念、运行模式会有更进一步的认识，从而使你更早地融入到集体里去。同时，能为你塑造一个更全新的自己。

当在工作中受到冷遇时，首先要从主观上找原因。一般来说，有以下几个方面的原因使职场新人与工作环境格格不入，最终导致受到了冷遇。

（1）有的职场新人对工作这也看不惯，那也不顺眼，对单位的人和事不加思索地胡乱评论，使其给公司的同事留下了不良印象；

（2）有些职场新人自以为满腹经纶，好高骛远，小事不愿意做，大事又做不来，使领导难以安排合适的工作；

（3）有的职场新人工作责任心不强，马马虎虎，敷衍了事，不能完成领导交给的任务，甚至给公司和他人造成不必要的损失；

（4）有的职场新人没有摆正个人和集体、家庭与事业的关系，参加工作后过于忙自己的私人生活，甚至影响到单位的正常工作；

（5）有的职场新人今天想干这个，明天想干那个，这山望着那山高，性情浮躁，工作不踏实，喜欢拣轻怕重；

（6）还有的职场新人对个人得失斤斤计较，做事以个人利益第一，凡是对自己有好处的便做，没有好处的便高高挂起。

实际上，职场新人受到冷遇的原因远远不止这些，但是只要认真地分析自己的言行，好好反省自己，在单位找到适合自己的恰当角色使自己主动去适应环境：首先，是虚心学习，切不可妄自尊大。一般来说，刚入职场的人可能比单位的老员工掌握有较多的理论知识，但是要知道现在是个知识爆炸的年代，你懂不等于别人就不懂，别人懂的也不一定你都懂。俗话说："尺有所短，寸有所长。"自己站在高处，不等于别人都是矮人。更何况学生在校学习的大多是些理论知识，对新的工作单位来说你只不过是个新手。现在的社会人才济济。要知道过多地夸耀自己，做"半瓶醋"的游戏，得到的将是轻蔑与嘲笑！唯有在实际工作中，踏踏实实，虚心向老同志学习，才能得到同事们的肯定。其次，要有实干精神。职场新人除了虚心学习外，实干精神也十分重要。例如，用人单位接收一个新人，是要你去解决实际工作中的问题，为单位创造财富和价值的。光说话不做事，或者做不好事的人在任何地方都是不可能受到欢迎的。只要你苦干实干，做出一番成绩来，老板或上司一定会向你投以欣赏的目光，冷遇自然会消失得无影无踪。再次，要处理好工作和生活的关系。有的职场新人不能正确处理生活和工作的关系。花费过多的时间和精力在谈情说爱方面，甚至影响到了自己的正常工作。当然，恋爱、婚姻、家庭与事业都是人生的重要课题，但是要处理好它们之间的关系，努力使工作和生活相互促进而不是相互影响。最后，要从冷遇中挣脱出来，还得加强自己性格方面的修养和锻炼，搞好人际关系。职场新人到了工作单位后，不可能孤立地生活，必然要与同事、与领导交往。所以在与他人交往过程中，要豁达大度、谦和热情、正直诚恳，不能心胸狭窄、猜忌多疑，只有这样，才能搞好与周围人的人际关系。朋友多了，与同事、与领导的关系融洽了，自然就不会有冷遇发生。

总之，遇到冷遇时，应多从自身方面找原因，不要想着让环境去适应你，相反你必须改变自己去适应环境，不要想着别人来主动来讨好你，而你必须主动地与周围的人搞好关系。一旦感觉自己受到了冷遇，切不可悲观失望、自暴自弃，只要找出原因并以积极的态度和实际的行动加以改进，就完全可以摆脱受到冷遇的境况。

03

改变态度改变命运
——不再视纪律为枷锁

没有卑微的工作，只有卑微的工作态度，而工作态度则完全取决于我们自己的看法。只有把自己的工作，不论是高级的工作还是基层的工作，都当成宝来对待的人，才能在工作中高效率地投入，事事都取得满意的结果，也才会成就大事，才能在激烈的竞争中立于不败之地。

纪律不是枷锁，严谨的态度和优良的作风来源于对纪律的严格遵守。懂得了纪律的重要性才会树立正确的工作态度。严守纪律的企业文化对于每一个员工都有重要的约束作用，但并不是对员工自由的限制和剥夺。正是这样鲜明的纪律文化使一个个企业脱胎换骨，展现出生机勃勃的发展势头。

当你怀有轻视的眼光做事情时，你的痛苦感受会使你的效率低下，做事情漫无目的，结果达不到或者达到的结果离正确的结果偏离十万八千里。如果认为目前工作并非自己所愿，每天在表面上"忙忙碌碌"，实际上无所追求，这样的忙碌只会是瞎忙，不会带来效益，也不会带来机遇。

那些在工作中对这也不满意，对那也不满意，老是不停地抱怨环境，对工作推三阻四，寻找各种借口为自己开脱的人，往往是职场的被动者，他们即使工作一辈子也不会有成就感。他们不知道结果都是用奋斗来实现的，即使小工作也能实现大结果。

以享受的心态看你的工作时，你开心的心情会给你的效率加速，使你眼光精准，做事专心，结果的完美达成也就是自然而然的事情了。轻视自己工作的人，他绝对不会尊敬自己，因为他轻视自己的工作，觉得工作十分苦而累，所以很难让他把工作做到最好。

一样的工作，不一样的态度，就使你和别人区别开来。没有不重要的工作，只有看不起工作的心态。你的工作态度决定了你的结果，好的态度达成好的结果，坏的态度达成糟糕的结果。

大学刚毕业，在其他人被分配到某某好单位的时候，龚柳梅却被分到意大利大使馆做接线员。在大多数人看来，接线员是什么工作，一个没前途、没出息的工作，无聊、单调、乏味。然而，龚柳梅坚持自己的工作理念，保持好心态，在这个普通的工作岗位上做出了不平凡的业绩。

她认为，要做就要做出成绩来，要做的比别人好。于是，她花了时间，把使馆所有人的名字、电话、工作范围甚至连他们家属的名字都背得滚瓜烂熟。当有些打电话的人不知道该找谁时，她就会主动询问，并耐心提示，尽量帮他们准确地找到要找的人。

慢慢地，使馆里面的所有人都知道了她，知道了这个"卓越"的接线员，慢慢地大家都离不开她了。几年后，龚柳梅俨然就成了这个使馆里面的总秘书长了。由于她的工作出色，大使知道了，有一天专门到她的工作间表扬她。这可是一件破天荒的大事。

结果没过多久，她就因工作突出而破格去给意大利某著名报纸的记者处做翻译。该报的首席记者是个名气很大但是有点古怪的老太太，她就是因为不满意她的翻译，把她赶跑了，这才调了龚柳梅过来。

一开始，这个老太太也看不上龚柳梅，认为她的资历不够，年轻缺乏历练，但是同意她试一试。结果过了没多久，这个老太太就离不开龚柳梅了，外出采访撰写新闻稿都要龚柳梅陪同，甚至逢人就夸龚柳梅。这样过了没多久，龚柳梅就又因为工作出色被破格提拔到外交部驻美联络处当处长，在这个岗位上，她做得同样出色。

如果你无法改变环境，就只能改变自己，只能改变自己待人接物的态度，在不变的环境中给自己恰当的定位，积极行动，提升自己的品质，以实现自身存在的价值。

在改变态度的过程中，你要循序渐进，因为渐进的改变比一步到位的改变容易。你先提出自己能接受的较低要求，然后再逐步提高要求，一步步缩小差距，最后达到改变态度的目的。态度改变的结果就是改变自己。

端正态度，对工作认真负责，要克服私心杂念，自觉主动工作，有进取心。提高自己的工作能力，提高工作效率，保证工作质量，有自信心。

养成"结果心态"，需要我们以积极的态度对待每份工作，每个任务。每一次的工作都是一次机会，要看我们自己的把握。正所谓没有卑微的工作，只有卑微的工作态度。业界有三百六十行，行行都能出状元。

有一句话说得好，"我们这一代最伟大的发现是，人类可以通过改变态度而改变自己的命运。"态度的改变，代表行为方式即将改变，行为一旦改变，结果也自然会改变的。面临失败时，是选择为失败找借口，还是吸取教训找出成功的方法，全取决于你的一念之间。

04

不抱怨，不怠慢
——一切行动听指挥

如果一个企业所有的员工都具有强烈的纪律意识，能做到不抱怨，不怠慢，面临什么问题都不找借口、不找理由的话，这个企业一定是一个有强大发展潜力的企业，这个企业所有的员工也必将是有发展前途的员工。就像巴顿将军说的那样："我们应该像德国人那样，时时地、尽早地训练纪律性。你必须做个聪明人，要做到动作迅速、精神高涨、自觉遵守纪律，这样才不至于在战争到来的前几天为生死而忧心忡忡。你不该在思虑后去行动，而是应该尽可能地先行动，再思考——在战争后思考。只有纪律才能使你所有的努力、所有的爱国之心不致白费。没有纪律就没有英雄，你会毫无意义地死去。也只有有了纪律，你们才真正的不可抵挡。"

对企业和员工而言，一切行动听指挥这样的精神永远都比任何东西重要。企业的运转主要是靠制度，而一切行动听指挥就是服从公司的制度。在读巴顿将军的《我所知道的战争》一书时，有这样的一段描述：一次，巴顿所在师需要提拔一位军官。究竟提拔谁呢？巴顿把提拔候选人集合到一起，给他们提出一个需要解决的问题。巴顿说："伙计们，我要在仓库后面挖一条战壕，8英尺长，3英尺宽，6英寸深。"巴顿只告诉他们这么多。之后，巴顿提前进到仓库，通过窗户节孔偷偷观察这些军官。他看到这些人把锹镐放到仓库后面的地面上，休息几分钟后，开始议论：为什么要他们挖这么浅的战壕？有的说

6英寸深怎么能当火炮掩体；也有的说，这样的战壕太热或者太冷；还有的抱怨，为什么让他们这些军官干挖战壕这么普通的体力劳动？终于，有个军官对大家说："让我们把战壕挖好后服从组织，就是'跟着组织走'。离开这里吧，那个老家伙想用战壕干什么都没关系。"巴顿最终提拔了这个人。我曾经问过几位参加过长征的老同志，长征初期他们知道部队上哪里去吗？这些老红军的答复如出一辙："不知道，我只是跟着走。"服从组织，就是"跟着组织走"。在生活中我们喜欢问为什么，但在组织的实际运转中，由于层级等原因，位于低层级的人，很难全面掌握组织的战略动态，这个时候，组织成员需要"跟着走"。

军有军纪，家有家规，对于企业公司来说，他们制定出来的规章制度是让员工遵守的，而不是作为空无用处的摆设。作为老板，应当用有效的手段保证这些规章制度的顺利落实，一旦发现有人违规，便加以惩治，决不手软。对于员工来说，在工作中一定要做到不抱怨，不怠慢，一切行动听指挥。在企业中，有很多老板自己定了规定，但却不强调这些规定的权威性，自己都认为这些规定没有哪个员工会注意，那么对于那些员工来说，也许只有在违反了某条规定时，才会知道原来公司还有这样一条规定。在国外的许多企业里，老板在聘用新人的时候都会给他们发一份公司的规章制度，并会要求他们签署一份声明，表示他们已经收到、阅读并理解公司的规章。这种做法对于国内的企业来说很值得效仿。

一直一来，在管理界"不拉马的士兵"这个故事流传很广。这个故事讲的是一个刚刚上任的炮兵军官到下属部队视察。在视察过程中，他一连在几个部队发现一个相同的情况，这令他感到意外：部队在操练的过程中，总会有一个士兵站在炮管下面。这位年轻的军官对于这种情况觉得非常困惑，现在已经是现代化时代了，难道还需要士兵站在炮筒下吗？他们站在那里做什么呢？带着这种疑问，他问了几个士兵，士兵回答说："这是操练条例规定的，我们应该执行。"军官回去仔细查看了资料，发现操作条例中的确有这一条。于是他找到相关负责人询问情况，原来，现在的炮兵的操作条例没有及时得到修改，还是承袭当年非现代化时候的规定。在非现代化时代，在作战时要先把火炮的射程及瞄准目标数据调整好，再由马把火炮送达战场，而站在炮管下的士兵就是负责拉住马的缰绳，防止马来回乱动。而现在的火炮自动化程度已经相当高，不再需要拉马的士兵，但由于操作规定仍然没改，导致出现了"不拉马的士兵"这种情况。军官发现了这一问题，马上向上级报告这一情况，结果得到了嘉奖。也许有人会为那些不拉马的士兵感到遗憾，如果他们率先发现这个问题并提出来，嘉奖应该是他们的。事实上，作为一个下属，最大的任务就是无条件地执行。用一句略显绝对的话来说，即使是错的，也要执行，这是下属的天职。他们的粗心大意看似是失去了本该属于自己的那份荣耀，实际上是践行了士兵的职责。

为什么职员不可以像战士那样无条件地服从？部队具有铁的纪律，强调一切必须服从。而我们呢，总是要求人性化管理，结果不但没能人性化，反而使每个人都可以做主了。我们最大的毛病就是想法、意见太多。每个人都有想法，执行力必定打折。很多人常常思考这样一个问题：为什么日本在第二次世界大战后短短几十年时间内，出现了众多的跨国企业。答案当然很多，比如好学、勤奋、节约等，但绝对服从是不可忽视的因素。去日本企业考察，我们都会发现日本企业纪律严明，上下级绝对有区别，上级说了下级绝对服从。这就是执行力。我们呢，有时拿领导的话当耳旁风，执行力如何自然可以想象。军人其实都是些普通人，只不过经过磨砺后，他们认识到服从的价值，可以超负荷地做出正常人难以做到的事情。如果都能像战士那样不折不扣地完成上级下达的命令，没有怀疑，没有抱怨，我们完全可以跨越从平凡到卓越那道坎。

员工的本事再大，他的知识、经验、能力、魄力都是有限的，真正比老板什么都懂、什么都能的员工是很少的，如果是，那他应该也会成为老板。因此，凡是高明的员工，无不把参谋作用放在重要的位置上，要明白在一个企业只有一个主角，注意配合老板发言的环境，在这个环境里，员工可以在老板决策之前自由地发表意见，既可以报喜，也可以报忧，不同意见之间可以开展心平气和的讨论和争辩。但一旦老板做了决策后，即使会上有不同意见，也要会后单独汇报，一旦老板考虑成熟就要无条件服从。

05
服从是员工的基本素质
——让服从纪律变成"天职"

服从是士兵的天职。无论在什么时候、什么地方、什么情况下，士兵都应以绝对服从为第一要务。它跟忠诚、朴实等品质共同构建了军队优良的作风。只有具备了服从品质的人，才会在接到命令之后，全力以赴，充分发挥自身的聪明才干，想方设法地完成艰巨的任务，并勇于承担一切后果。在军队，如果士兵不服从命令安排、擅离职守、独自行动，那不仅不可能取得胜利，反而可能导致极其严重的后果。在军人眼里，命令就是一切，无论付出多大的代价，哪怕是牺牲自己，他们也要坚决地服从，不折不扣地完成任务。

在讲服从、守纪律这一方面，西点军校的军人是个典范。西点军校的莱瑞·杜瑞松上校在第一次赴外地服役的时候，连长派他到营部去，让他去拜见一些人，顺便请示上级一些事，同时让他去弄些醋酸盐，接到这些任务之后，莱瑞·杜瑞松没说什么，立即出发了。莱瑞·杜瑞松的这个表现让连长感到有些意外，因为他交给莱瑞·杜瑞的任务不那么容易完成，就单单说弄盐这个事情就不那么好办，因为当时醋酸盐严重缺货，可莱瑞·杜瑞松没有找任何理由，就直接走了。莱瑞·杜瑞松顺利地完成了其他任务之后，找到了负责补给的中士，希望他能从仅有的存货中拨出一点醋酸盐，但是当时醋酸盐严重缺货，中士拒绝了向他提供醋酸盐。可莱瑞·杜瑞松并没有放弃，而是一直缠着他，到最后，这个中士被莱瑞·杜瑞松缠得没有办法，终于给了他一些醋酸盐。就这样，不找任何借口、保证完成任务的莱瑞·杜瑞松带着完美的结果回去向连长复命了，莱瑞·杜瑞松的这种无条件地服从命令在西点军校很常见，在西点军校，几乎每一名军官都把服从纪律当成是天职，从来不问原因，不找借口。无独有偶，在第二次世界大战时期，盟军决定在诺曼底登陆，在正式登陆之前，艾森豪威尔决定在另外一个海滩先尝试一下登陆的困难，他把这个任务交给了三位部下，在经过多次的讨论之后，那三位部下一致认为：这是一次不可能成功的行动，所以他们力劝艾森豪威尔取消这个计划。这次登陆确实是有困难，在困难面前，艾森豪威尔先前的三位部下选择了推诿、逃避。在遭到三位部下的拒绝之后，艾森豪威尔把这个任务交给了希曼将军，希曼将军义无反顾地接受了这一任务。这次的战斗确实很困难，很惨烈，在这一战斗中盟军损失1500人，几乎全军覆没，但是这一次的试登战斗为后来诺曼底登陆提供了不可多得的经验和教训，从而使诺曼底登陆一举成功。和前三位将领相比，希曼将军就是一位听从命令、服从指挥的优秀将才。他对待任务的态度就是不折不扣地去执行，不皱一下眉头，不找任何借口。正是由于盟军中有着大量这样的优秀将士，反法西斯斗争才得以顺利进行，并取得了最终的胜利。

服从是行动的第一步，服从的人就要遵照指示做事，暂时放弃个人的主见，全心全意地去遵循所属机构的价值观念。一个人只有在学习服从的过程中，才会对其机构的价值及运作方式有一个更透彻的了解。没有服从就没有执行，团队运作的前提条件就是服从，可以说，没有服从就没有一切。进入一家新的公司，你必须从零开始，要给自己一个准确的定位，要明白自己的职责，服从公司分配给自己的各项任务。服从命令不仅是口头上的，而且是行动上的。具体而言，就是在执行过程中不问为什么，只想着怎么干。这种严格执行命令的态度是为了更好地实施既有的计划而并非是要扼杀个体的主观能动性。只有当一个群体统一了步调，才能发挥出惊人的执行力与战斗力。要是大家都按照各自的想法想怎么干就怎么干，那么大家就会乱成一锅粥，有很多的机会就会被错失，许多能够克服的困难也克服不了。人心不齐，干什么都很困难。

那么怎么做才能让服从纪律变成职员的"天职"呢？什么才是最好的服从呢？简单说来，最好的服从就是一切行动听指挥。在军队里，很常见的情形便是对表，这样做就是要大家明白统一时间，统一命令，统一听从上级指挥的重要性。"一切行动听指挥"，就要求每一个职员能够按照组织下的号令统一行动，而不能有自己的小算盘。

某连是军中闻名的先进连队，军纪严明，人称"硬骨头六连"。该连的同志根据自己的切身体会，在服从命令、听从指挥方面总结出了"五个照办"：不是部分条文照办，而是条条照办；不是一时一处照办，而是时时处处照办；上级强调时照办，上级不强调时同样照办；顺心合意时照办，不顺心合意时同样照办；顺利条件下照办，困难条件下同样照办。一名合格的士兵要具有强烈的纪律意识，对上级的命令能够做到绝对服从和不折不扣地去完成，因为只有善于服从的士兵才懂得怎样去指挥。服从意识并不会让他们变成一个唯唯诺诺、失去主见的人。相反，许多退役军人从中学到了怎么指挥与管理。有位士兵退伍在安徽老家一家啤酒厂当了名工人，几年后便因为强烈的纪律观念和服从意识而被提拔为车间主任。他是这么说的："不具备服从品质的员工，得不到领导的欣赏，是不能向更高级的管理职位前进的。不会服从，就不会领导；没有服从的激情，就没有命令的威严。如果连服从都做不到，就不可能去管理别人，不可能正确处理个人利益与团队利益的冲突。学会服从和培养服从的品质是每一个人获得更高地位、成就卓越事业的第一步。这一点我在部队就做到了，因此，当车间主任后我知道怎么去管理。"

可以说，绝大多数管理人员都是从基层干起，从普通员工做起的。只有先懂得服从，才有可能向更高的层次迈进。对于组织来说，纪律永远比任何东西都重要，没有了纪律，便如同坦克没了履带、轮胎没了车轴一样，寸步难行。大到一个国家，小到一个公司、一个部门，其实都是一个指挥与服从的系统。在这个系统当中，只有首先做一名出色的服从者才会成为一名优秀的指挥者、管理者。

06

服从，行动的第一步

——主动工作是服从纪律的最好表现

在职场之中，面对同一份工作，有的人工作起来如鱼得水，事事顺意，有的人则不尽如人意，怨声连连，为什么同样的工作会造成两种截然不同的境况出现？他们之间最大的区别就在于，前者总是自动自发地去完成任务，而且愿意为自己所做的努力承担责任，而后者就像是一块生了锈的钟表，拨一下才动一下。因此，你要想登上成功的阶梯，就需要永远保持率先主动的精神。最严格的标准是由自己制定的，而不是由别人要求的。如果你对自己的期望比老板对你的期望更高，那么你就无须担心工作不能做彻底。

美国钢铁大王卡耐基曾经说过："有两种人永远都会一事无成，一种是除非别人要他去做，否则决不主动做事的人；另一种则是即使别人要他做，也做不好事情的人。那些不需要别人催促，就会主动去做应做的事，而且不会半途而废的人必将成功，这种人懂得要求自己多付出一点点，而且比别人预期的还要多。"

中国内地四小花旦之一、著名才女导演徐静蕾便是这样一个主动做事的人。成为一名演员，并不是徐静蕾最初的梦想。她在9岁的时候，被父亲"逼迫"着练出了一手好字，她还在上高中的时候，就获邀给北京赛特大厦和中央电视台后面的梅地亚宾馆题写了标签牌。上了高中以后，徐静蕾又对绘画产生了浓厚的兴趣，因此她想报考美学院，第一次她报考了工艺美院，第二次她报考了中央戏剧学院的舞台美术系，但是在录取名单揭晓的那一天，她却榜上无名，这让在书画方面下了不少苦功的她感觉很受挫。

但也就在她备感受挫的那一天，命运之神又向她伸出了另一个橄榄枝。那天她在美术学院门口碰到了一个导演，那名导演看着已经出落得个子高挑、面目清秀的她，误以为她是电影学院表演系的学生，还说有机会的话可以合作。这时她一位在中戏读书的朋友就说，你看，人家都把你当成表演系的学生了，你干脆就去考表演系吧。徐静蕾心里一想：也对，与其在这垂头丧气的，还不如去表演系考考，也许自己真能在表演方面取得一番成绩呢？谁知道，这一回她却真的顺利地考上了北京电影学院表演系。也许徐静蕾天生就是要学表演的。在报考了表演系之后，她的星途也异常顺利。

1994年，徐静蕾出演了自己的电视剧处女作《同桌的你》，同一年，参与了先锋导演孟京辉的话剧《我爱某某某》。1996年，徐静蕾获邀出演赵宝刚导演的《一场风花雪月的事》，这让她初次尝到了在外面被观众认出来的成名滋味。1998年，徐静蕾参演了《将爱情进行到底》，剧中她扮演的文慧让她成为家喻户晓的明星。在这段时间里，她还出演了《爱情麻辣烫》里的林雨青这个角色。渐渐地，徐静蕾成为广大观众心目中的玉女偶像，和周迅、章子怡、赵薇被称为内地娱乐圈的"四小花旦"。在电视剧方面取得了巨大成功的徐静蕾，决定让自己的事业范围有所突破。于是，从2000年冬天开始拍《花眼》开始，她在一年的时间内一口气接拍了《开往春天的地铁》《我的美丽乡愁》《我爱你》四部电影，而在这四部电影中，就有三部电影让她获得了各种奖项。初次涉足电影圈，就让她获得了不俗的成绩，然而，就在这样风光的时刻，徐静蕾心中却生起一种无法驱散的迷茫，她觉得仅仅做演员并不能满足她的表达欲望，她希望能有一种更好的、更自主的方式来表达自己内心的一些东西。

所以，不愿意让自己被动工作的徐静蕾决定主动出击，她开始自己创作剧本，然后自编、自导、自演，这让她成为中国电影界史上的第一位独立制片人；除此之外，在当时影视界名人的"博客风"还不甚流行的时候，徐静蕾率先开始了写博客，这一次，她又让人感受到了一次巨大的情感冲击，她的"老徐博客"竟成为全世界点击率排名第一的博客，她的每一篇文字，都有几万到几十万的点击率，随后她又涉及了出唱片、出书、创办电子杂志、开公司等领域，她的每一项事业都进行得红红火火。

总是等待别人给自己分配工作任务的人，多数时候都是源于一种惰性，总想着坐等机会自己送上门来，就像是那个古老的"守株待兔"的故事一样，但这样做的结果就只能是荒废自己的人生。而主动工作的人，却能在自己一个人的人生里享受到比别人多几倍的精彩，就如徐静蕾一样。工作需要一种积极主动的精神。没有谁会告诉你需要做的事，所有的一切都要靠你自己去主动思考，如果徐静蕾一直都是在被动地等待着导演叫她上台，那她现在所享受到的生命的精彩，就永远只能是黄粱美梦。而在自动、自发地工作的背后，也需要你付出比别人多得多的智慧、热情、责任、想象力和创造力。当你清楚地了解了公司的发展规划和你的工作职责，就能预知该做些什么，然后立刻着手去做，不必等老板交代。

那么工作中如何才能变被动为主动呢？第一，要对各项工作全力以赴。对工作全力以赴，是保持良好主动性的关键因素。只有当你全身心地投入到自己的工作中时，才会有源源不断的动力促使你创造出更好的业绩。第二，要将主动工作变成一种习惯。想在工作中创造出更好的业绩，把工作做得更彻底，就应在工作中发挥出积极主动性，做一个自动自发的人。当我们积极主动面对工作时，不但能够发现更多为企业创造业绩的机会，主动还会让我们的能力得到更多的锻炼。第三，每天多做一点点。很多人花费大量的时间和精力去寻找成功的捷径，却从来不肯多花费一点时间用在工作上。其实，不要小瞧自己比别人多付出的那一点，它也许就会改变你的一生，伟大的成就通常是一些平凡人们经过自己的不断努力而取得的。在工作中当你变被动为主动的时候，你会发现你获得了工作所给予的更多的奖赏；当你主动积极地扩展自己的职责之后，你会发现原来你可以把工作完成得更好，更彻底。

07

忠诚就是风骨
——忠诚是服从纪律的最佳底色

忠诚是一种精神，是一种风骨，它体现的是最珍贵的情感付出和行为责任。无论一个人在集体中是以什么样的身份出现，对集体和领导者的忠诚都是最重要的。无论对于集体、领导者还是个人，忠诚都会使其得到收益。

忠诚是企业和谐发展的灵魂，是服从纪律的最佳底色。对于企业来说，他们需要的是忠诚的员工，因为这样的员工对工作能尽心尽力，尽职尽责，敢于承担一切。不管在什么时候，忠诚永远是企业生存和发展的精神支柱，这是企业的生存之本。只有忠诚于自己的领导和企业的员工，才有权利享受企业给个人带来的一切，忠诚是市场竞争中的基本道德原则，违背忠诚原则，无论是个人还是集体都会遭受损失。如果一个企业经常强调个人对集体和领导者忠诚的意义，那么这个企业的员工在这种教育的熏陶下就会以更大的热情投入工作、热爱集体，从而为集体争得荣誉和利益。

一个员工想要发挥自己的才智就需要依靠公司的业务平台，而这个员工对公司忠诚，实际上是一种对自己职业的忠诚，一种对承担或者从事某一种职业的责任感，这种责任感可以促使这个公司为其提供更多的发展机会，因为每一个公司都需要他的员工既忠诚又有能力，因为这样忠诚的员工会全力创造企业的业绩，会全力维护企业的信誉，他们也会为了公司的利益团结凝聚。而当企业有了更好发展的时候，员工自身的价值自然就能得以实现，人生也随之大放光彩。忠诚是对归属感的一种确认。当一个人确认自己属于某一个集体，这个集体可以是企业，也可以是社会，只要他确认自己属于这个集体，他就不仅意识到自己属于这个团队，而且他还会自觉地认为他必须为团队做出最大的贡献，才能得到这个团队的承认。所以，忠诚可以确保任务的有效完成，以及对责任的勇敢担当。一个员工的忠诚首先表现在他对事业的忠诚度，对自己企业的忠诚，如果他对事业忠诚，他就会认真地把他该做的事做好。

一家著名公司的人力资源部经理说："当我看到申请人员的简历上写着一连串的工作经历，而且是在短短的时间内，我的第一感觉就是他的工作换得太频繁了，频繁地换工作并不能代表一个人工作经验丰富，而是更说明了一个人的适应性很差或者工作能力低，如果他能快速适应一份工作，就不会轻易离开，因为换一份工作的成本也是很大的。"没有哪个公司的老板会用一个对自己公司不忠诚的人，他们需要忠诚的员工，这几乎是老板们共同的心声。因为老板们知道，员工的不忠诚给企业带来的损失有多大。只有所有的员工自下而上地做到了忠诚，一个企业才可以壮大；相反，一个企业就可能被毁掉。

秩序是每一个国家的第一要律，这个世界需要秩序。一个充满战斗力的集体，必定是一个有严格秩序的集体。因为只有这样，才能确保行动的一致性和协调性。对于任何一个团队，必须有一个核心，这是确保一个团队不涣散的根本所在。第二次世界大战期间，著名的麦克阿瑟将军教育自己的士兵必须忠诚于统帅，在军队中忠诚就是义务，然而遗憾的是他只要求下属忠诚于自己，自己却做不到很好地听命于上司，结果被撤了职。对于集体的忠诚是整个团队实现自己目标的关键因素。因为忠诚，就会形成巨大的合力，就会无坚不摧，战无不胜。在蜜蜂的王国里，有着森严的等级秩序，蜂王永远是高高在上的，所有的工蜂必须忠诚于自己的统帅。因为，蜂王肩负着整个蜜蜂王国最重大的责任，那就是繁衍后代。为此，所有的工蜂都必须任劳任怨地供养着蜂王，忠诚于蜂王，只有这样，才能确保整个蜜蜂王国的和谐统一。对于一个企业而言，员工必须忠诚于企业的领导者，这也是确保整个企业能够正常运行、健康发展的重要因素。

著名管理大师李·艾柯卡，受命于福特汽车公司面临重重危机之时，他大刀阔斧进行改革，使福特汽车公司走出危机。但是福特汽车公司董事长小福特却对艾柯卡进行排挤，这使艾柯卡处于一种两难境地。但是，艾柯卡却说："只要我在这里一天，我就有义务忠诚于我的企业，我就应该为我的企业尽心竭力地工作。"尽管后来艾柯卡离开了福特汽车公司，但他仍很欣慰自己为福特公司所做的一切。艾柯卡总是说："无论我为哪一家公司服务，忠诚都是我的一大准则。我有义务忠诚于我的企业和员工，到任何时候都是如此。"正因为如此，艾柯卡不仅以他的管理能力折服了员工，也以自己的人格魅力征服了员工。

在当今世界，竞争日益残酷，任何一个企业都不能保持一帆风顺，也有陷入困境的时候。然而危难正是最能考验忠诚的时候，对那些能够勇敢地去为企业承担困难的人，我们是理应给予敬意的，他们更加难能可贵。这个时候，责任和忠诚所带给企业的力量是无法估量的，它能让我们战胜一切困难。

忠诚可以拯救一家公司，这是忠诚的价值。一个老板都会有忠诚的员工，因为正是这些忠诚的员工帮助了企业健康发展，使企业能够正常有序的运行。他们忠诚于自己的使命，考虑的是怎样才能把事情做得更好，不放弃自己也不放弃工作。

一个人任何时候都应该信守忠诚，这不仅是个人品质问题，也会关系到公司和企业利益。忠诚不仅有道德价值，而且还蕴含着巨大的经济价值和社会价值。一个禀赋忠诚的员工，能给他人以信赖感，让老板乐于接纳，在赢得老板信任的同时，更为自己的职业生涯带来莫大的益处。与此相应，一个人失去了忠诚，就失去了一切——失去朋友，失去客户，失去工作，因为谁也不愿意与一个不能信赖的人共事、交往。尽管现在有一些人无视自己的忠诚，利益成为压倒一切的需求，但是，如果你能仔细地观察一下的话，你就会发现，为了利益所放弃的忠诚，这将会成为其人生和事业中永远都抹不去的污点，他将背负着这样一个十字架生活一辈子。

坎菲尔是一家企业的业务部副经理，刚刚上任不久。他年轻能干，毕业短短两年能够有这样的业绩也算是表现不俗了。然而半年之后，他却悄悄离开了公司，没有人知道他为什么离开。坎菲尔在离开公司之后，找到了他原来公司关系不错的同事埃文斯。在酒吧里，坎菲尔喝得烂醉，他对埃文斯说："知道我为什么离开吗？我非常喜欢这份工作，但是我犯了一个错误，我为了获得一点小利，失去了作为公司职员最重要的东西。虽然总经理没有追究我的责任，也没有公开我的事情，算是对我的宽容，但我真的很后悔，你千万别犯我这样的低级错误，不值得啊。"埃文斯尽管听得不太明白，但是他知道这一定和钱有关。后来，埃文斯知道了，坎菲尔在担任业务部副经理时，曾经收过一笔款子，业务部经理说可以不下账了："没事，大家都这么干，你还年轻，以后多学着点。"坎菲尔虽然觉得这么做不妥，但是他也没拒绝，半推半就地拿下了5000美元。当然，业务部经理拿到的更多。没多久，业务部经理就辞职了。后来，总经理发现了这件事，坎菲尔不能在公司待下去了。埃文斯想到看着坎菲尔落寞的神情，知道坎菲尔一定很后悔，但是有些东西失去了是很难弥补回来的。坎菲尔失去的是对公司的忠诚，坎菲尔还能奢望公司再相信他吗？

一个人无论什么原因，只要失去了忠诚，就失去了人们对你最基本的信任，不要为自己所获得的利益沾沾自喜，其实仔细想想，失去的远比获得的多，而且你所获得的东西可能最终还不属于你。就像阿尔伯特·哈伯德说的那样："如果能捏得起来，一盎司忠诚相当于一磅智慧。"

第二章

纪律是
团队的灵魂

01

"严"字当头

——严明的纪律是军队的生命

　　纪律是人们在集体生活中遵守秩序、执行命令和履行自己职责的行为规则。在军队中，纪律更是构成军队战斗力的重要因素，是夺取战争胜利的保障。军队是执行政治任务的武装集团，其性质、使命和职能的特殊性，决定了战士们必须严格地执行纪律。

　　在我军对越自卫反击战中，有这么一项铁的纪律，即"打死不许动"。一天晚上，越南人突然来袭，他们为了让我们的士兵在夜幕下无法辨认敌我，也为了不暴露打枪的火力点，全都光着脚走路不发出声音，但是我军士兵严格遵守上级"打死不许动"的纪律，全部卧倒在地，只对走动的、站着的人开枪。第二天早上战斗结束，清点人数的时候，发现打死的全是敌军，如果当时我军没有这样的规定，那么在这次的斗争中，我军死伤人数肯定非常多，正是由于全军的战士都恪守命令，才让敌军受到重创。还有一次，我军侦察兵在执行任务时，一个战士不慎被敌人的狙击手打伤，但他没有慌张，却立刻卧倒，一动也不动，越南人弄不清打死的是自己人还是中国人，于是他们就派4个越南人来探察情况，结果这几个人被潜伏的侦察兵一举歼灭了。

　　1927年8月1日，共产党人发动了著名的"南昌起义"，宣告了中国共产党领导的正规军事武装力量的创立。在这个组织建立以后，创建者们意识到：我们为什么要建立这样的一支武装队伍？我们的目标是什么？怎样才能实现目标？……这些问题成了领导者思考的关键，如果解决不好，就可能使年轻的革命武装夭折在萌芽阶段。继南昌起义和秋收起义失败后，毛泽东在福建的三湾对部队进行了改编。通过三湾改编，党的组织在部队中形成了，党支部掌握了基层，党对军队领导的制度得以确立。由于加强了党的领导，军队原有的坏习气和农民的自由散漫作风开始得到改变，部队面貌焕然一新，凝聚力、战斗力空前提高。三湾改编是建设新型人民军队的重要开端，在人民军队建设史上，具有里程碑的意义。后来，毛泽东在总结井冈山斗争的经验时指出："红军所以艰难奋战不溃散，'支部建在连上'是一个重要原因。"几十年后，罗荣桓元帅回忆说："三湾改编，实际上是我军的新生，正是从这时开始，确立了党对军队的领导。"如果不是这样，红军"即使不被强大的敌人消灭，也只能变成流寇"。"三湾改编"后，毛泽东同志在确定了军队建设方向的基础上，亲自给工农红军制定注意事项和有关纪律，并强调：必须提高纪律性，坚决执行命令，执行政策，不允许任何破坏纪律的现象存在。

纪律是军队的生命，也是军人的生命。只有每一个军人都把纪律作为生命看待，军队的生命才能延续和发展。军队的强弱成败、军人的生死存亡，有时就系于一人、一事、一时之纪律的严与废。坚持党对军队的绝对领导，是解放军永远不变的军魂，坚决听从党中央、中央军委的指挥，是解放军铁的纪律。只有军令如山，纪律严似铁，军队才能锐不可当，无坚不摧，战无不胜。铁一般的作战纪律，让战士形成了高度的自觉性。当年，红军的主要作战方式是运动战，打一枪换一个地方，这就对作战纪律提出了更高的要求。定好的计划，可能根据形势临时改变，如果战场上的战士没有绝对服从纪律的观念，这种多变的战术就会乱套，就得不到充分的执行。严明的纪律是军队的生命，是军队战斗力的组成部分。中国工农红军正是依靠严明的纪律，才完成了二万五千里长征的创举，打败了日本帝国主义，推翻了蒋家王朝，建立了新中国。战胜了无数闻所未闻的艰难险阻，创造了无数震古烁今的战争奇迹，建立了无数彪炳千秋的不朽功勋的人民解放军，有着非同寻常的伟大信念——听党指挥，坚持中国共产党对军队的绝对领导。这是历史的结论。如果把军队的这种服从、执行、纪律、荣誉观念运用到企业中去，将会取得非凡的成果。纪律是企业生存和发展的命脉，任何组织和个人都应该像需要阳光、空气和水分那样需要纪律、认同纪律、牢记纪律，像爱护生命那样维护纪律、执行纪律、严守纪律，甚至在必要时不惜以牺牲个人或局部利益为代价来维护纪律的严肃性。

没有纪律，就谈不上执行力，没有执行力就没有战斗力，只有不断地强化纪律意识，只有严字当先，军队才会有战斗力，也只有严字当先，我们在职场中才能占有一席之地。

02

严守纪律是企业的共识

——步调一致，顾全大局听指挥

在战争年代的特殊环境中，群众纪律的好坏直接关系到部队的生存和发展。曾担任方面军政委达14年之久的邓小平，就非常重视群众纪律。他带领部队不管走到哪里，都十分重视宣传群众纪律，并要求部下严格遵守。1939年，抗战进入相持阶段。一次，他对部队说："我们要争取群众，团结群众，依靠群众。这是我党我军的光荣传统。任何时候，任何情况下，千万注意，不可忘记。如果我们不注意这一点，把群众惹毛了，部队就寸步难行。"正是八路军高级领导十分重视纪律建设，全军官兵养成了时时处处自觉维护群众纪律的良好习惯。正是有了这样严明的群众纪律，当地的穷苦百姓才信任八路军，拥护八路军，处处支持和帮助八路军，八路军才在人民群众中如鱼得水，取得了抗日战争的胜利，这就是纪律的魅力之所在！

在企业经营管理中，纪律同样重要。每一位总裁都经历过这样一些棘手的问题：员工抗命或者联合起来对抗总裁，员工之间不能好好地协调合作，员工醉心于工作外的其他事项，员工纷纷请调或离职，等等。这些问题的发生往往使人感到焦虑和痛心。其实，作为企业的领导者，心里应该明白自己和员工之间是平等的生命个体，如果员工不认可你或者不认可整个企业，那么对于他们来说，企业的纪律或者上司给的任务便会变得毫无用处。那么，用什么方法来准确有效地体现自己的管理意图呢？很多总裁都会不约而同地告诉我们同一个答案：还是纪律。纪律是一种客观存在的社会心理现象，是一种使人甘愿接受对方领导的心理因素。任何一个总裁，都以纪律来完成自己的行为目标。纪律是指导他人行动的规章制度。它是上级人员和下级人员两者之间的一种关系。上级人员制定并传达纪律，下级人员接受这些纪律。当这种行为未发生时没有任何纪律可言。莎士比亚曾说："纪律是达到一切雄图的阶梯。"作为总裁，就应该运用手中权力，严格要求员工遵守纪律，这本身就是一种基本管理手段。美国前总统里根在当州长时说过："要么遵守纪律，要么滚蛋。"里根当上总统之后，他的手下告诉他，他在当州长的时候曾说过这么一句粗鲁的话，里根听到这些不但没有觉得难堪，反而高兴地把这句话写下来，挂在办公室，里根就是用这种方法使自己的威望一点点地提高。

纪律在运用的过程中，既可以立威也可以损威，既可以服务于人也可以损害人。纪律是社会矛盾的产物，自身本来就是矛盾的统一体。一方面，纪律可以促进企业的稳定和发展，对企业的发展起积极作用；另一方面，纪律也可以起消极作用，破坏企业的稳定。这就是纪律的二重性。纪律既有二重性，领导者就应想方设法克服其负效应，发挥其长处。只有领导者得当地运用纪律，才可以管理好自己的企业。领导者应该把纪律视作一种培训形式，那些遵守规则和标准的员工应得到表扬、保障和晋升等奖赏；那些不遵守纪律或达不到工作表现标准的人应该受到惩罚，让员工清楚地知道令人接受的表现和行为应该是什么。当需要强制实施惩罚时既是领导者的错误也是员工的错误的结果。鉴于这个原因，一名领导者应该在其他努力不能奏效的情况下才借助于纪律惩戒。纪律应该不再是领导者显示权力的工具。不得不惩罚某人是消极的纪律。如果能通过建设性的批评或讨论来让员工们按领导者的希望去做，这就是积极的纪律。与员工们相比。更多的领导者理解纪律是令人不快的方法。领导者希望本企业和平、融洽，希望一切正常，希望保证没人受伤，通过出色的管理建立纪律的领导者没有必要通过责备、停职或开除来履行消极的纪律。大部分员工视这个制度为维护秩序和安全并使每个人为部门共同的目标和标准而工作的合法方法。对大部分员工来说，自我约束是最好的纪律。一名领导者应该能够做到既执行纪律又能保持与员工的友好关系。纪律使被管理者对管理者产生一种发自内心的由衷的归属和服从感。实践表明，只有这样，一个团队的行动才能得到最大的发挥。从这个意义上讲，你可以把纪律当作富有想象力的行动计划，这种计划将指明一条行动路线，沿着这条行动路线，破坏性的斗争将减少到最低限度，员工的冲突也将得到有效的解决，而且员工的利益也将尽可能最大限度地得到满足。由于纪律可以用来吸引人才、物力和财力，因而有必要建立起规章制度以保证行动计划的实施，这样才能使员工们按照行动计划指导资源的分配，由此，也就最终构成权力的来源，并有助于领导者从事管理工作。

柯林斯说，当员工有纪律的时侯，就不再需要层层管辖；当思考有纪律的时候，就不再需要官僚制度的约束；当行动有纪律的时候，就不再需要过多的掌控。结合了强调纪律的文化和创业精神，你就得到了激发卓越绩效的神奇力量。现在人们大谈人本管理，这当然是对的，但把纪律与制度放在人本的对立面则是错误的。事实上有了纪律和制度，企业才能保持持续创新的活力。卓越的企业掌握着训练有素的人、训练有素的思想与训练有素的行为这三个要诀。训练有素的人：企业的成败关键点在于是否拥有卓越的人才。优秀的CEO必须是谦逊、内敛、坚韧不拔、以企业为重的第五级经理人，然后拥有卓越的人才团队。没有卓越的团队，企业便无法质变为卓越企业。训练有素的思想：在激烈竞争中，没有差异化早晚都会栽跟头。要具有差异化，则必须勇敢地面对残酷的现实，不能有非理性的幻想，或者期望问题自己消失。在经营上，企业必须根据自身的热情点、卓越领域与获利模式的三环理论，找到能成为世界第一的定位，再根据此定位发展出独特的经营模式，持续积累企业的竞争力并成为独一无二的优势。训练有素的行为：所有的构想必须能有效落实，通过优质的员工、卓越的文化、严格的纪律以及与核心竞争力相配套的技术支持，实现企业卓越的理想。在选择技术的观点上，柯林斯的观点与彼得·杜拉克强调的"做正确的事情"是一致的。重点是集中焦点、以创造与维持核心竞争力。因此，从这点上来说严守纪律是企业的共识。

03

服从，最基本的职业准则

——时刻牢记团队的要求

对于一个员工来说，最基本的职业准则就是服从于自己的公司，服从于自己的老板，跟公司的同事和老板和睦相处，与公司同舟共济，荣辱与共，全心全意为公司工作，忠于职守。古往今来，下级服从上司似乎是天经地义。但当你将目光聚焦于现实时，桀骜不驯的"刺头"使你变得刁钻，经常冲撞上司，那么你离那"惊险一刻"也不远了。

"恭敬不如从命"，这一中国古老的至理名言，谆谆告诫着后人：对上司，服从是第一位的。下级服从上司是上下级开展工作、保持正常工作关系的前提，是融洽相处的一种默契，也是上司观察和评价自己下属的一个尺度。在一些公司里，经常有一些纪律观念淡薄，服从意识差的人。他们是上司最感到头疼的"刺儿头"或"渣子头"。这些人或是身无所长，进取心不强，对上司的吩咐命令满不在乎；或是自以为怀才不遇，恃才傲物，无视上司。无论事出何因，他们一律都是在上司面前昂着高贵的头，家事、国事、天下事都可在他大脑中"存档"，唯有上司的命令不在此列。比如一天中午，办公室的上司问同事曹永之，"小曹，我让你复印的资料，你弄得怎么样了？"曹永之当着其他下属的面漫不经心地反问道："什么复印资料？"这位上司觉得很丢面子，气呼呼地训道："你怎么对我说过的话这样不放在心上！"照常理而论，小曹听到上级的呵斥应该立刻道歉，找一个台阶给上司下，待上司稍有息怒，迅速去把资料复印来交给他。这样，上司再生气也会阴转晴，顶多再训他两句，然后还是面带笑容，年轻人事情多，上司一般会谅解他们的疏漏的。但这位职员却既没有道歉，也没立即去复印，而是屁股一扭，逃之夭夭。这些"刺儿头"表面看来，超凡脱俗，潇洒自在，实则是自己有意识地与上司划出了一条鸿沟，不利于自己的事业，也不利于组织内的团结和相处。因此，"刺"万万不可长，进取之心万万不可消。你不是才高八斗吗？敬请谨记：谦受益，满招损。有些人在某一方面，定会有上司所远远不及的才气，但只有和上司融洽相处，小心服从，大胆探索，才会让上司充分领略你的才华，为你提供发挥的机会，才能不断晋升，以才高德厚得到上司的器重。你越是自视怀才不遇，感叹世无伯乐，越是阻断了展现自己才能的道路和机会，你不跑一步之遥，即使伯乐常在，又怎能发现你这匹千里马？对于才气不佳者，更应有李白"天生我材必有用"的自信和洒脱，应有活到老学到老的毅力和韧劲，而不应甘于沉沦，成为上司眼中又臭又硬的绊脚石。许多有工作经验的人都有这样一种深刻体会：服从一次容易，事事依从上司却很难。工作时间长的人几乎都曾有过刁难上司、违背上司命令的经历，虽然在平时他们大多数都能很好地与上司相处。

　　人的生命，总是在满与不满、愿与不愿的无休止交织中消磨、延续。满座笑语，独一人向隅而泣的滋味，几乎每人都品尝过。身临此境，也许你的忍耐力更有效。你可以巧妙地表示自己的不满，但绝不可抗拒。你以自己的宽阔胸怀，坚持服从第一的原则是聪明之举。这样做，使上司心里雪亮，你在情感上掩藏着极大的不满，但理智地执行了他的决定。对你的气度和胸怀，他也不得不佩服甚至敬重之情油然而生。你暂时的忍耐，铸就了来日更灿烂的辉煌。否则，顶顶撞撞，使自己与上司的关系在某个特定时段陷入紧张状态，进入不愉快的氛围之中。缓和、改善这种僵局所付出的代价可能比你当初忍辱负重的服从还要大出几倍或几十倍。"早知今日，何必当初"的感喟为时晚矣！须知，没有哪一个人会永远顺利，一味满足。暂时的忍耐，巧妙地服从，也是一种人生策略。服从也有善于服从、善于表现的问题。细心的人都可能会发现这样一个事实：在企业里，同样都是服从上司、尊重上司，但每个人在上司心目中的位置却大不相同，这是为何？这一问题的关键是能否掌握服从的艺术。有的肯动脑子，会表现，主动出击，经常能让上司满意地感受到他的命令已被圆满地执行，并且收获很大。相反，有的人却仅仅把上司的安排当成应付公事。被动应付，不重视信息的反馈，甚至"斩而不奏"，甘当无名英雄，结果往往是事倍功半。

服从第一应该大力提倡，善于服从，巧于服从更不应忽视。绝对服从，这是美国西点军校对学员的训诫和要求。服从，在西点人的观念中是一种美德。每一位员工都必须服从上司的安排，就如同每一个军人都必须服从上司的指挥一样，服从是行动的第一步。很多企业都强调发挥员工的创造力和主观能动性，这种管理方法虽然是好的，但是，也不能违背原则。从根本上说，老板就是老板，员工就是员工，每个人都要有意识地服从老板，服从上司。如果在一个企业里，每个员工都不按照老板的命令行事，各做各的，那整个企业就成了一盘散沙。所以，即使员工有什么不同意见，可以在老板没有做决定前，给出提议。一旦老板决定了，任何员工都要服从决定。

一个团队，如果下属不能无条件地服从上司的命令，那么在达成共同目标时，则可能产生障碍；反之，则能发挥出超强的执行能力，使团队取得惊人的成果。因为你是员工，是下属，处在服从者的位置上，就要遵照老板的指示做事。服从的人必须暂时放弃个人的独立自主，全心全意去遵循老板和公司的价值观念。一个人在学习服从的过程中，对本公司的价值观念、运作方式，才会有更透彻的了解。当然，西点军校的训诫和要求是从军事指挥的角度来制定的，是非常让人难受的，在企业中不能机械地照搬。另外，并不是所有老板的指令都正确，老板也是人，也会犯错误。但是，一个高效的团队必须有良好的服从观念，一个优秀的员工也必须有服从意识。因为老板的地位、责任使他有权发号施令；同时上司的权威、整体的利益，不允许员工抗令而行。

对于老板来说，不找借口，绝对服从的员工是好员工；一个员工哪怕不是很明白老板的意图，但是对于老板所下的命令能好好执行，那么这个员工仍然会让老板觉得贴心，这样的员工才能得到更多的发展机遇。

04

我中有你，你中有我

——让个人目标融入集体大目标

一个高效率的团队必定是一个能既能让内部成员舒心工作，又能让外界感到满意的工作集体，而对于一个团队来说协同合作至关重要。只有懂得协作的人，才能明白协作对自己、对别人负责，只有懂得协作的集体才能对集体、对国家负责。同样，那些放弃协作的个人也好，集体也好，最终将被社会放弃。

1. 让个人的追求融入团队的目标中

团队精神是团队的成员为了团队的利益和目标而相互协作、尽心尽力的意愿和作风，是将个体利益与整体利益相统一从而实现组织高效率运作的理想工作状态，是高绩效团队中的灵魂，是成功团队身上难以琢磨的特质。在富有凝聚力的团队中工作，会觉得心情比较舒畅，干劲也很足，大家的协作性很强，能够创造出一些令人感到荣耀的业绩。一个单位、一个部门要发展、要提高，必须要有一种团队精神作为支撑。对于一个健康的现代化团队来说，最需要的是具有优秀素质的团队成员，拥有这些人才会更有利于企业的发展。

2. 要具备强烈的归属感

热爱组织是团队精神的基础和前提。只有热爱组织的人，才能产生与组织休戚相关、荣辱与共的真感情，真心实意地与组织同甘共苦，始终站在组织的立场克服个人利己思想，事事处处以组织利益为重。只有热爱组织的人，才能视组织声誉为生命，自觉维护组织的社会形象。

作为团队中的一个分子，如果不能融入到这个群体中，总是独来独往，唯我独尊，必定会陷入自我的圈子里，自然无法体会也得不到友情、关爱和同事的尊重。一个具有独立个性的人，必须融入群体中去，才能促进自身发展。你要真诚平等地与人相处，对待每一个人，不管他是普通同事还是你的上司。你周围的每个人都可能对你的事业、前途产生关键性影响，不仅限于主管和公司高层。而且你的和善友好会给团队带来一股轻松快乐的气氛，可以使同事们感到愉快，从而提高团队的士气。凝聚力是对团队和成员之间的关系而言的，表现为团队强烈的归属感和一体性，每个团队成员都能强烈感受到自己是团队当中的一分子，把个人工作和团队目标联系在一起，对团队表现出一种忠诚，对团队的业绩表现出一种荣誉感，对团队的成功表现出一种骄傲，对团队的困境表现出一种忧虑。

强烈的归属感可以改变一个企业并造就有才华的员工。艾德勒应聘到一家制衣公司，这家公司已经亏损2000多万美元，公司连给员工发工资都很困难。艾德勒想，我既然来到了这个企业，就要为企业服务，我一定要设法把我的企业从困境中解救出来。这种强烈的归属感使他主动找到老板，两人一合计，觉得首先应该转产，因为一个企业的生命力在于其不断创新的产品。他们决定把生产成人服装改成适合儿童需求的特色服装，结果新服装上市后供不应求，艾德勒自然也在公司里站稳了脚跟，老板决定让他负责分管新产品开发的工作。而有些人并没有像艾德勒一样，他们对所在的企业缺乏强烈的归属感，总是不思进取、放任自流，只想回报，不愿付出，当企业出现困境时不想如何拯救企业，而总想另谋出路，脱离现有团队。这样的员工在自己的职业生活中会走很多弯路，总找不到适合自己发展的空间。

3. 要学会参与和分享

生活在群体中，就必定要与他人分工合作、分享成果、互助互惠。因此，具有良好的团队精神就显得尤为重要。

伦敦伯克贝克学院的心理学研究员阿德里安·派奇认为，员工们已经接受了终身制工作文化的员工不愿意在工作中与他人分享知识，由此带来的商机错失、系统不全、培训不足等问题使企业每年要损失数10亿英镑。尽管许多团队成员上岗时人际交往技巧已是不错，但仍要确保每个成员都懂得团队中互动的基本原则。组建团队就是为了高产出，只有每个成员积极参与、共同解决问题，才能保持上乘的生产率和产品质量。就发展团队而言，增进交流和改进工作方法同样重要，必须认真对待。对于一个集体、一个公司，甚至一个国家，团队精神都是非常重要的。以特殊的团队精神著称的微软公司，在做产品研发时，有超过3000名开发工程师和测试人员参与，写出了5000行代码。如果没有高度统一的团队精神，没有全部参与者的默契与分工合作，研发工程是根本不可能完成的。还有完全相反的例子，在有些公司，一项工程布置下来，大家明明知道无法完成，但都心照不宣地不告诉老板。因为反正也做不完，大家索性也不努力去做事，却花更多的时间去算计怎么把这项工作失败的责任怪罪到别人身上去。正是这些人和这样的工作作风，几乎把公司拖垮。

合理化建议是员工参与企业经营的一个最积极的表现，它不只是起到"好产品、好主意"的作用，而且还是发动职工参与管理、促进上下沟通的良好形式。在日本几乎所有的企业都把合理化建议活动的开展和企业的兴衰连在一起。一个企业要兴旺发达，单靠自上而下的指导是不够的，必须要与自下而上的建议相结合。日本企业千方百计地启发、引导和组织员工提建议，要求员工在家中、车上等都要想问题，他们把合理化建议说成是"把毛巾再拧出一把水来"。这样从中可以看出企业员工对合理化建议的参与程度和热情，企业从员工合理化建议中获利不少，但更重要的是，通过合理化建议运动，调动了广大企业员工参与企业管理的积极性和主动性，增强了企业员工对企业的感情，增强了企业的向心力和凝聚力。曾担任通用电气公司董事长的琼斯先生说："日本这个国家是在'团结一致'上发展起来的。虽然同行之间也有竞争，但是日本企业界仍然共同努力以获得人民的接纳和支持。"从合理化建议运动中，可以看到，日本企业领导人和员工都具有很强的集体意识，日本企业具有很强的凝聚力，这也是他们在国际市场竞争中屡屡击败对手的重要原因之一。

在合作中，为了实现最终的目标，个人都需要放弃自己的一部分利益，但几乎每个人都有一种短视和自私的缺点，不愿意更多地为他人考虑，缺乏分享精神。在团队中，要勇于承认他人的贡献。如果借助于别人的智慧和成果，就应该声明；如果得到了他人的帮助，就应该表示感谢。这些也是团队精神的基本体现。

05

集体荣誉感

——团队利益高于一切

美国西点军校有一著名理论："团队的利益高于一切。"

企业、公司作为一个团队，是由许多人组成的。从职务上来说，有董事长、总经理、各部门负责人和普通工作人员等一线员工；从岗位上来说，有技术人员、后勤人员、管理人员及各工种技术工人和普通职工。作为企业的个体"人"，他们的年龄、性别、文化、技术水平、阅历、性格、价值观、个人追求目标不尽相同，但是对于这些个体来说都必须明白一点：没有一个成功者是独行侠（包括的工企业董事长和总经理）。每个成员的成功都离不开集体，个人的成功是在为集体奉献时，才充分地取得了最大的利益；如果一个人要真正地融入团队，就要用相互合作来为企业获取最大的整体利益。相对于整个集体来说，个人利益是微不足道的，个人利益必须服从团队的利益。在企业里，有些员工不重视团队精神，往往为了自己的利益，去损害整个团队的利益，这样的员工是很难得到公司和同事认可的。一个人的能力不管有多强，如果他只考虑自己的私利，不顾团队利益，这样的人是不会受团队欢迎的。

美国大联盟西雅图水手队的明星球员罗德基思，曾经成为许多球队的挖角对象。罗德基思因为自己的才能，向欣赏他的人开出了很多条件：除了2000多万美元的年薪外，还要求球队给予他各种特别待遇，比如，在训练场要给他提供有专属的棚子，要有供他自由使用的私人飞机，等等。纽约大都会队原本对罗德基思非常感兴趣，但是他们听到这些消息之后决定不再聘用罗德基思，他们认为如果答应了罗德基思的所有条件，那么就意味着他们允许罗德基思独立于球队之外，自成一格。如果这样的话将会对球队产生很多不良后果。对于球队来说，他们需要的是一个由25个球员组成的球队，而不是24个球员加上1个特殊球员。正如通用电话电子公司董事长查尔斯·李说的那样："最好的CEO是构建他们的团队来达成梦想。即便是迈克尔·乔丹也需要队友来一起打比赛。"国内外战绩彪炳的篮球队之所以经常赢得冠军奖杯，关键在于他们在千变万化的球场，愿意牺牲个人得分的机会来成就整个球队的成功，他们在次次奏效的妙传当中，能表现出大公无私、协调合作的敬业精神。只有全队共进退，才能大幅度提高得分率。而这样的球队，到最后都会获得胜利，这样的球队也都是优秀的球队。

智联的首席执行官刘浩说：任何一个员工，其业绩大小和他所处集体有密切的关系。也就是说，他的成功离不开集体中每一个人的配合、支持与协作。公司在考虑提升某个员工时，除了参考他的综合能力和业绩，还会参考诸如他在团队中所能发挥的作用等其他各方面要素。一个职工能否为企业的整体利益来有效地协调沟通其他部门，或者帮助同事积极发挥自身特长，以保证公司利益的最大，关键在于这个职工能否很好地把自己融入整个集体之中，能否做到永远把团队利益置于个人追求之上。团队中的精英是团队业绩的保证，团队精英也是团队的中坚。有人说，在一个团队中，20%的精英就能产生出80%的业绩，任何一个企业领导都会把"是否拥有优秀人才"作为企业发展成败的最关键因素，然而，在一个团队中，不管什么样的精英人物都必须服从团队利益。正所谓："团队需要精英，精英需要团队。"

根据团队利益至上的原则，个人利益必须永远服从于团队利益。个人也必须在维护团队利益的前提下，发扬个人英雄主义。如果过分压制个人英雄主义的发扬，那么团队就会缺乏创新力，跟不上市场形势的发展；如果过分强调个人英雄主义，企业就会陷入成员之间缺乏合作精神、各自为政、目标各异、个人利益占据上风而团队利益被淡化的困境，这样的话整个团队很可能成为一盘散沙、不堪一击。团队是一体的，一个团队的成败是整体的成败，也是个人的成败。每一位成员都应将团队利益置于个人利益之上，而且要充分认识到个人利益是建立在团队利益基础上的，每一位成员的价值表现为其对于团队整体价值的贡献。

在某著名IT公司曾发生过这样一件事：为了尽快推出世界上最高速的电子表格软件，公司老板让一名叫克朗德的软件设计师主持这套名为"超越"软件的设计和开发。克朗德和程序设计师们接到命令之后便迅速投入工作。然而由于市场的不断发展变化，当克朗德和程序设计师们挥汗大干，忘我工作，"超越"电子表格软件已见雏形之时，老板通知克朗德放弃"超越"软件的开发，转向为另一家公司开发同样类型的软件。克朗德及其属下对此非常不解，克朗德急匆匆地闯进老板的办公室，问到："老板，你简直把我们搞糊涂了，我们为了完成你交给的任务没日没夜地干，而现在您却让我们放弃，这是为什么？我一定会带着我的手下要继续干下去，决不会放弃！"老板耐心地向他解释事情的缘由：另外一家公司开发的这样的软件已经上市了，而且这个软件的性能比现在我们自己公司正在开发的软件要优越，即使是我们公司的"超越"软件开发成功了，相比之下也不会有什么市场，所以还不如趁早放弃……还没等到老板的话讲完，克朗德就忍不住自己心中的怒火，打断老板嚷道"我绝不接受！"在这样的盛怒之下，克朗德向老板递交了辞职书，无论老板怎么挽留，他也毫不改变主意。尽管老板知道克朗德是一位软件设计天才，克朗德的存在对公司的发展大有益处，公司也需要这样的人，但为了公司的整体利益，只好忍痛割爱，接受他的辞职。像克朗德这样有才能的人，就算是再换一个工作环境，也许还要碰到类似的问题，可如果他还是不能从公司的整体利益出发去考虑问题，就算他的能力再强，又有什么用武之地呢？

　　一个团队发展壮大了，团队中个人的利益才会有保证。如果一个人始终把团队的利益置于个人利益之上，那么这个人获得的将会更多。

06

"一团火"精神
——集体荣誉感是团队纪律的根本

集体荣誉感是一种热爱集体、关心集体、自觉地为集体尽义务、做贡献、争荣誉的道德情感，它也是共产主义道德荣誉感的基础，是一种积极的心理品质，是激励人们奋发进取的精神力量。一个人在长期的集体生活中，会慢慢体会到自己与集体荣誉的关系，体会到个人在集体中的地位。一个拥有集体荣誉感的人，才能把集体的荣誉和自己紧密联系起来。

如果在一个企业里，有半数以上的员工缺少集体荣誉感，那么这个企业内部的合作将不会顺畅，而当员工之间缺乏这种团结合作的关系时，这个企业就不会获得良好的发展。所以，企业管理者为了避免员工之间的过度竞争，要在公司的奖励制度中强调"一个人的胜利"并不等于"所有努力者的胜利"，这样，才能鼓励企业内部形成团结协作、坦诚互助的合作氛围，从而促进企业的和谐发展。有这么一个小故事：黑熊和棕熊都喜欢吃蜂蜜，它们就各自准备了一个蜂箱，养了同样多的蜜蜂。有一天，黑熊和棕熊在一起聊天，聊天之中，它们决定比赛看看谁养的蜜蜂产蜜多。黑熊想，蜂蜜的产量主要取决于蜜蜂每天对花的"访问量"，即蜜蜂接触的花的数量越多，其工作量就越大，于是它买来了一套能够精确测量蜜蜂访问量的绩效管理系统。黑熊每天认真地测量蜜蜂的工作量，每过完一个季度，黑熊它就公布每只蜜蜂的工作量。同时，它还设立了专门的奖项用来奖励那些访问量较高的蜜蜂，但是它却从来没有告诉蜜蜂们它是在与棕熊比赛。而棕熊的想法和黑熊不太一样，它认为蜜蜂能产多少蜜，关键在于它们每天采回多少花粉，采的花粉越多，相应酿的蜂蜜也越多，于是它就直截了当地告诉了蜜蜂它在和黑熊比赛，看谁养的蜜蜂产的蜂蜜多。棕熊也买了一套绩效管理系统，而它测量的是整个蜂箱每天酿出蜂蜜的数量和每只蜜蜂每天采回花粉的数量，它也像黑熊一样每一个季度都把测量结果张榜公布，而且它也设立了一套奖励制度，而它奖励的是当月采花粉最多的蜜蜂。如果这个月蜂蜜的总产量高于上个月，那么所有的蜜蜂都会受到不同程度的奖励。一年很快过去了，到了两只熊查看比赛结果的时候了，比赛结果是黑熊养的蜂蜜采的蜂蜜量还不及棕熊的一半。黑熊和棕熊养的蜜蜂一样多，所用的评估体系也都很精确，所付出的努力也相当，但是对于黑熊来说，所得到的结果和自己的付出好像并不成正比。仔细考察两只熊的工作方法，可以看到黑熊为尽可能地提高蜜蜂的访问量，造成蜜蜂为了得到嘉奖，而只顾比赛飞的速度，因为采的花粉越多，飞得就越慢，每天的访问量就越少，这样就不能得到奖励。而黑熊的最终目的是想通过竞争从而促使蜜蜂搜集到更多的信息，但由于它设立的奖励范围太小，就造成了蜜蜂们为了竞争相互封锁信息。蜜蜂之间的竞争压力大了，它们就不愿意多分享自己获得的有价值的信息。比如说，一只蜜蜂发现某个地方有一片巨大的槐树林，它由于这种奖励机制，便不愿将此信息与其他蜜蜂分享。而棕熊的蜜蜂则不一样，棕熊所设置的奖励规则不限于奖励一只蜜蜂，为了采集到更多的花粉蜜蜂之间能相互合作，嗅觉灵敏、飞得快的蜜蜂负责打探哪儿的花最多最好，然后回来告诉力气大的蜜蜂一齐到那儿去采集花粉，剩下的蜜蜂负责贮存采集的花粉，将其酿成蜂蜜。这样的分工协作，所得到的蜂蜜当然是最多的，采集花粉多的蜜蜂能得到最多的奖励，但其他蜜蜂也能捞到好处，因此蜜蜂之间远没有到人人自危相互拆台的地步。

激励是实现员工之间进行竞争的重要手段，但相比之下，激发所有员工的团队精神更为重要。为了营造团结协作的氛围，企业管理者要选择合适的奖励方式来奖励为这个团队带来做出贡献的员工，促进员工之间相互坦诚地交流、互相帮助，从而建立他们之间的信任。如果管理者赞赏合作，员工们就会注重合作，而且每一位员工都会有一种归属感。当员工们在一个团结的团队中工作时，他们的积极性和创造性会得到最好的发挥，员工之间的竞争也变成团队之间的竞争。当管理者把奖励的对象由一个人变成一个团队时，相应的，企业中原来由一个人承担工作责任的做法就转变为由一个工作团队来承担。这样，个人在组织中的作用就会减小，而团队的作用就会增强。对于员工个人而言，也就形成了"一花独秀不是春，百花齐放春满园"的意识，整个团队的卓越就成为每个员工的追求，团队的整体绩效就成为所有成员的努力方向，员工之间自然能够形成团结互助、无私合作的局面，过度竞争也就不复存在了。

在微软公司，管理者把奖励的对象放到团队之中，他们通过这种奖励方式把工作团队中的每一个员工作为承担工作责任的基本单位。他们设立许多产品组进行技术和产品的开发，在不同的产品组之间进行竞争，每个团队内的成员互助合作。微软团队之间的竞争甚至可以说是残酷的，因为有时他们的不同产品组会开发类似的产品和技术，这样一个组获胜，就意味着另一个组的成员需要加入别的组或者重新开发一项新产品。但这样的做法又避免了团队成员之间的过度竞争，使整个企业既有竞争又有协作，提高了企业的市场竞争力。

为了培养员工的归属感和团队意识，管理者还要避免企业内部过于频繁地岗位轮换。有些企业为了扩大员工的生长空间，为员工提供岗位轮换的工作制度。这种制度有一定的优点，但如果岗位轮换过于频繁，就有可能影响员工之间互助合作气氛的形成。因为当一个人过于迅速地更换工作岗位，就不可能在这个还没有熟悉的团队中找到归属感，自然也无法产生工作热情，而且过于频繁地岗位轮换还会使团队难以建立稳固的基础，这就和企业建立团结互助的团队的意图相违背了。所以，为了营造合作氛围，管理者要防止员工在企业内部进行过于频繁的岗位轮换。专家指点竞争能促使员工进步，企业进步，进而推动社会进步。但过度竞争会产生许许多多的矛盾，导致人与人之间产生抵触情绪，甚至有可能相互仇恨。只有适度竞争，企业才能走上良性发展的轨道。企业要做到让每个员工有足够的集体荣誉感，这样才能做到适度竞争。

07

要有大局观

——站在团队角度思考

"各人自扫门前雪，莫管他人瓦上霜。"这句俗语说的是只顾自己而不管他人的行为。如果把这句话推及到我们的工作中，那么我们是不是只需要把自己的本职工作做好就万事大吉了？当然不是，做好自己的本职工作当然是最基本的，但是个人作为公司中的一员，承担的工作只是公司中全部工作的一个环节，可如果想提升整个企业的竞争力，每一个员工都必须要有大局观，要以大局为重，善于和同事合作，服从领导的安排，这样才能把工作做好。

玩过魔方的人知道，如果完成六种颜色中的一种颜色，即使费九牛二虎之力完成了，但大多数情况下，也都是无用之功，因为完成的只是一面而已，东拼西凑的排列虽然把一个面的颜色对齐了，但是同时也把其他几个面的颜色打乱了，而且已经定死了，没法继续进行下去。如果想再把其他几种色块对齐，必须重新对齐已经"对齐"的色块。所以不顾全局地做事，即使你做成功了，有时候也是错的。自古以来，中华民族中这样顾全大局的优秀人物比比皆是：战国时期，赵国大臣蔺相如因为出使秦国，完璧归赵有功而被赵王封为上卿，位在大将廉颇之上，廉颇不服，处处与蔺相如过不去，廉颇说："我做赵国的大将，有攻城野战的大功劳，而蔺相如只不过凭着几句言辞立了些功劳，他的职位却在我之上。再说蔺相如本来是卑贱的人，我感到羞耻，不甘心位居他之下！"扬言说，"我碰见蔺相如，一定要侮辱他。"蔺相如听到这些话后，不肯和他会面，每逢上朝时常常托辞有病，不愿跟廉颇争位次的高下。过了些时候，蔺相如出门，远远看见廉颇，就掉转车子避开他。以致蔺相如的门客都看不下去，认为蔺相如软弱，要离他而去。蔺相如坚决挽留他们，说："你们看廉将军与秦王相比哪个厉害？"门客回答说："（廉将军）不如秦王厉害。"蔺相如说："凭秦王那样的威风，我蔺相如敢在秦的朝廷上呵斥他，侮辱他的臣子们。相如虽然才能低下，难道偏偏害怕廉将军吗？但是我想到这样一个问题：强大的秦国之所以不敢轻易侵犯赵国，只因为有我们两个人存在啊！现在如果两虎相斗，势必不能都活下来。我之所以这样做，是以国家之急为先而以私仇为后啊！"廉颇得知后，解衣赤背，背着荆条，通过门客引导到蔺相如家门请罪，并与蔺相如结为生死之交。在这个负荆请罪的故事中，可以看到，为了国家的利益，蔺相如不仅让原本视自己为对手的廉颇心服口服，更重要的是赢得了赵王的器重。试想一下，作为一个领导者，怎能不对这样有大局观的员工信任有加呢？

在实际工作中，大局观的另一个体现就是员工要有主人翁精神。这不仅是理论推导的结果，更是职业生涯成功者的经验总结。树立主人翁精神、主人翁意识和主人翁心态去从事岗位工作，不仅是企业发展的需要，更是员工职业发展的需要。在所有成功人士的身上，几乎无一例外地表现出这种主人翁的精神，他们把工作上的事当成自己的事，甚至关心工作胜过关心家事。他们不贪图名利、不计较得失，只是全身心地投入工作，全力以赴地完成任务，以"怎样才能更好、怎样才能更快"的标准从全局出发，处理好每一个工作细节。他们这样做时，可能没有刻意地想从中得到什么，但是，只要长期、坚持这样做下去，该得到的，就基本都能得到，这里面既有领导的信任，也有同事的尊重。具有良好大局观的员工也一定具备团结协作的精神，这正是我们工作最需要的。建立一支有效的团队，培养员工的大局观，就必须让每个人认清自己的地位和价值，懂得"取胜要靠大家协调合作"的道理，从而自觉转变观念、摆正位置，切实做到在团队统一支配下各司其职、各尽所能。只有这样，大家才能在思想上同心、目标上同向、行动上同步，才能用团队的智慧和力量解决面临的困难和问题。

在企业成为市场竞争主体的今天，企业的竞争力、战斗力决定着企业的生死存亡。一个企业如果拥有一群有着良好大局观的员工，那么他们一定会在激烈的市场竞争中占得先机，不断战胜对手，取得竞争的胜利！反过来看，企业发展也需要员工具有顾全大局的意识，而且只有企业发展了，我们员工个人才能得到发展，否则，企业倒闭了，我们员工只能下岗，重新寻找饭碗。"皮之不存，毛将焉附？"作为企业的一员，我们要认识到这一点。并努力实现这一目标，使企业坚如磐石，坚不可摧。也许你只是一名普通员工，但如果你总是站在领导的角度从大局考虑问题，这就是对公司岗位的敬业。这样，在工作中你将变得更加主动，也将自己的未来牢牢掌握在自己手中。把工作当成自己的事业，甚至糅合了使命感和道德感，那么可以保证你终生受益。所以，在工作中顾全大局，既是一种责任，又是一种使命。一切真正远大的目标都必须是建立在大局发展的基础之上的，唯有如此，个人目标才具有实现的基础。因此，我们要学会从整体角度考虑问题，个人目标要符合大局要求，局部利益要服从整体利益。要有牺牲的精神，处处以整体利益为重。

在日常的工作中，顾全大局的意识有时要求我们要超越自身的工作岗位。因为，无论部门之间还是个人之间，或多或少都会涉及其他部门或其他个人，所以，在考虑本部门或自己的同时，要考虑到其他部门或其他人，要明白各司其职并不是各自为政；对于工作要做到位、不越位，要善于填补空缺，而且心中要长存使命感。例如，在空闲的时候，在力所能及的情况下帮助其他部门工作。

除此之外，员工要用自己包容心去容忍别人的缺点，要以德报怨，从而消除彼此的误会；在大事上讲原则，小事上讲风格，尽显自己的人格魅力；为人处事，要从大局着眼，从小处着手，立足本职工作，把平凡的事做好。这都是一个具有良好的大局观的优秀员工所具备的素质。

第三章

制度硬，
纪律严

01

制度是一部正在运行的机器
——制度好，纪律严，效率高

"机器、体系、制度"，这三个词放在一起乍看起来好像有些风马牛不相及，但是仔细一想，他们之间好像又有些说不上的关系。仔细对比一下三个词语就不难看出其中原委。一部完整的、完好的机器如果想要长期正常平稳地运行，那么除了在设计阶段根据这部机器的用途需要以及完成制作组装后能够发挥其应有的功能作用，必须严格精确地按照其机械原理设计之外，在加工制造和组装过程还必须严格按照设计要求和规定标准以及组装程序来制造和安装。任何一部机器都是由若干个系统以及零部件组成，各系统或零部件在为保证整个机器能够正常平稳运行统一发挥作用外，同时其各系统或零部件，也各自按照起自己应有的功能发挥各自应有的作用而相应依次顺序运行。那么如果在设计阶段对机械原理的认识不足或不能正确应用必将导致生产的机器报废、损毁或运行不正常等现象；如果在设计阶段不能很好的定位生产机器的用途、功能、目的，也可能导致生产的机器出现功能不足或功能浪费等情况；如果在制造或组装阶段没有严格的按照设计规定、要求和程序进行安装，也将会导致产生类似与设计阶段的问题或其他问题，从而也同样影响机器的长期正常平稳运行。因此，我们不妨把整个机器看作一个完整而完善的、科学的、有机的体系，这个机器的各个系统看作子体系，各个构配件看作每个子体系下的一个系统单元或一分子。这些子体系或系统单元或每一分子它们都是按照以机械原理为基础，分别根据机器用途需要和设计定位规定位置和要求进行设计、制作和安装的，并按照一个确定的时间、顺序、周期，在整个体系统一协调运行下也各自依次运行从而形成整个体系的长期的、正常的、平稳的运行，最终发挥机器本身应有的功能、作用并达到或满足机器制造的使用目的。概括地说我们也可以把一部机器看作一个更高级体系运行的产品，或看作更高一级体系的某个子体系，如果如此延伸或扩展下去必定形成一个总体系。或者换句话把这个体系分解细化下去，把每一个子体系看作一个独立体系，其道理同样如此。

就像机器一样，在建设企业或在维护企业体系时也需要这样。企业制度的修订准则是：原则性重于灵活性，要多一些刚性的规定，少一些酌情权，要在阳光下运作，要体现公平、公开。在制度的修订过程中不但需要有创新，还要确保制度的执行。如果有制度但却不执行，再好的制度也没用。由不行使权力的人制订规章制度，能够做到客观、公正；由不行使权力的人监督制度的执行，能够做到刚正不阿。无论是制度的制定还是执行，也不管采取什么形式，都要充分发挥企业员工的作用通过修改完善规章制度和严格按制度办事。

美国著名管理学家吉姆·柯林斯著有《基业长青》一书，他从400多位声名显赫的美国企业巨头中评选出了美国有史以来最伟大的10位CEO，然而令人意外的是，像世界首富比尔·盖茨、通用电气公司前CEO杰克·韦尔奇等这样赫赫有名的人物并未入选。出现在《基业长青》中的10位企业家是诸如波音公司总裁比尔·艾伦这样的人，而这些人很多都是在当初根本没有想到自己能当上CEO的人。此外，这10大CEO还有一个共同之处：他们在卸任之后，他们所在的公司依然能够长久兴旺地发展着，他们公司能够长期健康发展，主要是因为他们专心致志地构建了一种大而持久的制度，他们奠定了企业长盛不衰的基础，使企业能够持续发展。

中国企业界在探讨执行问题的时候，不能本末倒置，为了速度、利益等而忽视保持企业长期健康发展的制度和文化建设。我们应当明白制度与文化是企业持续增长的源泉，也要明白企业制度与和文化再运行中对"人性中善的弘扬与恶的抑制"。在企业管理中，真正有效的管理者很善于利用组织、制度或文化来实现执行，利用一套组织、程序来约束越轨行为，或者用内在的文化改变员工的行动观念。这样一来，在大多数情况下，执行就是一种紧盯目标下的简单重复的过程。这种锁定目标简单重复的过程，甚至可以上升到职业化的程度。所谓的职业化就是在商业行为中始终坚守基本的商业规则与商业道德，以公司利益和目标而不是个人的好恶作为自己行动的准绳。

有时候一个企业业绩不好，并不是因为职工或者资金方面的问题，而是因为这个企业缺乏制度性的规划。很多企业在执行问题上并不注意或者说存在问题，有时候会由于企业家本身的执行能力太高而导致企业执行能力太低。企业家的执行能力与企业的执行能力是两个完全不同的概念。企业家的执行能力是个人能力，是人治，人治的企业家能力通常是用"能人"，背后的哲学思想是"疑人不用，用人不疑"。而企业执行能力是组织能力或制度性的能力，是"法制"，其背后的哲学思想是：人是一定要犯错的，所以用人就一定要疑，要建立一套制度来规范和约束人们的行为。

02

制度规定每个人的位置

——没有问题和困难，组织不会请你来

组织为什么需要我们？企业为什么需要招聘员工？原因其实很简单：为了让我们帮助其解决问题，为了实现企业利益。没有问题和困难，组织不会请你来。我们每个人在工作岗位上工作，说到底还是为组织解决问题和困难的。没有困难，我们就失去了价值。中国有这么一句俗话：茶壶里煮饺子——倒不出来。这句话的寓意在于说一个极富才华的人，却把自己的本事、能力都藏在肚子里，说不出来，也表现不出来。在现实生活和工作中，我们仔细品味，可以发现一个茶壶里尽管有再多的"饺子"，但如果倒不出来，那么饺子也不能称其为饺子了，因为饺子是供人们食用的，当饺子失去食用这个基本功用，也就没有了其基本价值。对于用人单位来说，为单位解决不了困难问题的职员就像是茶壶里倒不出来的饺子一样。

在企业中每个人的位置，其实就是这些人相对于制度的存在地位，其前提是个人与制度的关系。近代制度经济学的重要代表人物康芒斯，在其代表作《制度经济学》中对制度规定个人的位置问题做了比较系统的论述。首先，他把制度与各种具体的组织和规则联系在一起，认为制度有各种不同内容和方式的认识，有的像建筑物一样的结构，有时又似乎意味着居住人本身的"行为"，因此会有"准则""原则""合理的标准"或"合法程序"等名称。然后，他又说："我们可以把制度解释为'集体行动控制个体行动。'"作为集

体行动控制个体行动的制度，是集体行动的产物。一切集体行为都会产生或形成制度，建立权利和义务、没有权利和没有义务的社会关系。因此，制度可以由各种不同性质和类型的组织来规定和实行，一些私人商业组织的经济的集体行为有时候比国家这种政治组织的集体行动更有力量。制度所规定的是个人能或不能、必须这样或必须不这样、可以做或不可以做等。所以，制度意指的集体行动对个体行动的控制，直接是集体行为要求个人实行、避免和克制，实行"必须这样"，避免"必须不这样"，克制"不可以做"等。但间接来说，制度对一个人的行为的控制，采取的是一种禁例的方式，是给予其他人的一种自由的方式。可见，制度是涉及和影响人们之间的相互关系，是关于人们相互关系的规则。所以，制度所产生的社会关系是一种"经济的状态"，会创造"无形体的财产"。

新制度经济学的理论新制度经济学主要创始人科斯说："当代制度经济学应该从人的实际出发来研究人，实际的人在现实制度所赋予的制约条件中活动。"新制度经济学把制度看成经济的内生现象，而制度作为内生现象规定着人在企业中的具体地位和职责。所谓职责即为公司解决问题的能力。如果一个职工不能为公司的发展做出贡献或者在公司出现问题时不能及时解决，那么就可能会给公司带来巨大的损失，对于公司来说，每个月都要付给自己职工一定的薪水，公司领导人当然不会看着自己的钱流出去但没有收到成效。公司会制定各种各样的规定来保证公司的最大利益，这些规定即公司的制度。在实现利益的过程中，人是主体，那么人就必须在制度的规定下做自己应该做的，只有这样，一个公司才能健康有序的发展。

如果说企业是一部精密机器，那么员工就是机器中的一个部件。他的价值就是看能不能在这个位置上同所有部件组合在一起。不清楚自己今天的位置，眼前的成长性会没有了；不清楚明天在什么位置，未来也没有了，能不能发挥这个部件的最大用处，并且使故障率降至最低点。职场人生最大的悲剧在于不清楚自己今天在什么位置，明天应该在什么位置。不清楚自己今天的位置，眼前的成长性会没有了；不清楚明天在什么位置，未来也没有了。

03

制度是实现目标的有效手段

——不问起点看终点，不问苦劳看功劳，不问过程看结果

所谓能力是指人们在为组织、为社会服务过程中所表现出来的解决问题、创造价值的作用，而问题的解决、价值的创造，说到底是结果。所以，在市场竞争中，组织衡量一个人的能力是不看起点看终点，不看苦劳看功劳，不看过程看结果。你给出的结果往往决定你未来生活的质量。

三十多年前，在军营，新兵连训练的三个月中，班长、排长为了让这些"新兵蛋子"能够刻苦训练，总在不断地问：军队是干什么的？新兵也要反复回答：报告，军队是打仗的。被誉为企业管理之父的德鲁克，曾一针见血地告诫企业家们：企业不是议会。那企业是什么呢？企业是一些人以盈利为目的、按照一定章程组建的竞争性组织。世界上的组织有多种形式。企业、军队，应该都属于竞争性组织。既然是一个竞争性组织，那么效率便成为这个组织生存的基础。因为，效率产生效益。员工的能力是在为组织解决困难的过程中体现的。作为竞争性组织，企业与军队有相似的地方，那就是创造利润。一个没有效益、不能盈利的企业便失去了在市场中生存的权力。同样，在企业中，要想成为有价值的员工，就要为这个组织创造效益、获得结果。

员工的能力是在为组织解决困难的过程中体现的，一家企业在其《员工守则》上明确写道：企业不是幼儿园，不是福利院，不是角斗场。那么企业是什么地方呢？企业是创造财富的地方，是工作的圣殿。每个员工一旦进入企

业，就要像进入圣殿时那么虔诚，要精力集中、专心致志地工作。董明珠是中国职场中的一个奇迹。她36岁南下打工进入珠海格力电器有限公司工作。这个最初连营销是何物都不知道的人，在15年的时间内，从最底层的业务员一直做到珠海格力电器有限公司总经理、格力集团副董事长，被美国《财富》杂志评为年度全球商界女性50强。刚到格力电器时，她接手的第一件工作是去安徽追讨一笔前任留下的42万元债款。在她第一次工作时她尝到了工作的艰辛，她居然用了40天的时间讨回了许多人认为追回无望的欠款。就在这一年里，她的销售额竟然达到了1600万元，彻底打开了格力电器在安徽省的销售局面。随后，她被调往几乎没有一点市场份额的南京。隆冬季节，她神话般签下了一张200万元的空调供货单子。一年内，她的销售额上蹿至3650万元。正当南京市场蒸蒸日上之时，格力电器内部却出现了一次严重危机，部分骨干业务员突然"集体辞职"。董明珠经受住了诱惑，坚持留在格力电器，被全票推选为公司经营部部长，可谓受命于危难之际。自1994年底出任经营部部长以来，董明珠领导的格力电器连续16年空调产销量、销售收入、市场占有率均居全国首位。董明珠凭什么成功？结论很明显：用结果说话。而这个结果，是通过解决困难、战胜困难体现的。

一个人不管付出了多大努力去做一件事情，但只有当他创造了结果，工作才有价值。爱迪生经历了1600次的失败，最终取得了成功。如果他没有最后的结果，大概人类还要推迟几百年才能享受到"电灯电话楼上楼下"的幸福生活，而爱迪生这个名字，也会在慢慢的历史长河中被淹没。诺贝尔在四年的时间里，进行了400余次试验，发生了好几次惊险的爆炸事件，最终获得了成功。如果他没有结果，那么今天也不会有"诺贝尔"这项全世界最高的荣誉奖项，不会有人享受到他发明的成果，更不会有人知道他是谁。

世界上最优秀的人，往往是那些想方设法完成任务的人，是不达目的誓不罢休的人。为什么全世界那么多有伟大战略的组织中，只有少数组织能成功？为什么那么多怀揣着相同理想的个人，只有少数人能成功？最优秀的人是为了一个简单的想法不断重复去做，最终实现目标的人。

有位大学生在学校读书期间发现自己所在的学校的制度有很多弊端，于是他向校长提出来了若干改进大学制度弊端的建议，但可惜的是他的意见并没有被校长接受。于是，他做了一个重要的决定——自己办一所大学，他要自己来当校长，以消除这些弊端。在当时，办一所学校至少需要100万美元。对于一个初出茅庐的年轻学生来说，这可是笔不小的数目，上哪儿找这么多的钱呢？由于找不到解决办法，他便将自己封闭起来，每天都待在寝室里想如何能赚到足够的钱去筹办学校，同学们认为他有神经病，并劝说他天上不会白白掉钱下来。终于有一天，他意识到，这样下去是永远也不会有答案的，于是，他走出屋子来实现他的梦想，他打电话给报社，说他准备举行一个演讲会，题目是《如果我有100万美元》。他不停地给报社打电话，说明他的想法，但是没有一家报社愿意帮助他，更有一些报社取笑他的"无知、天真"。最后，终于有一位报社的社长，被他的诚意和精神打动，告诉他后天有一次慈善晚会，在晚会上，允许他发言，但时间限定为15分钟。那是场盛大的慈善晚会，有许多商界人士来参加。面对台下诸多成功人士，他鼓起勇气走上讲台，充满激情地说出了自己的构想。在他演讲过后，一名叫菲利普·亚默的商人站了起来："小伙子，你讲得非常好。我决定投资100万美元，就照你说的办。"就这样，年轻人用这笔钱办了一所自己梦寐以求的大学，起名为亚默理工学院——也就是现在著名的伊利诺理工学院的前身，他实现了自己的梦想。而这位青年，就是后来备受人们爱戴的哲学家、教育家——冈索勒斯。心态决定行动，行动决定结果，而结果才能证明一个人的价值。

还有这样一个故事：有个落魄不得志的中年人，天天做白日梦，沉浸在

"运气好、中彩票、发大财"的幻想中。于是，他每隔两三天就到教堂祈祷，而且他的祷告词几乎每次都一样。第一次到教堂时，跪在圣坛前，他虔诚地祈祷："上帝啊，请念在我多年来敬畏您的分上，让我中一次彩票吧！阿门！"几天后，他又来到教堂，同样跪着祈祷："上帝啊，为何不让我中彩票？我愿意更谦卑地服从您，求您让我中一次彩票吧！阿门！"又过了几天，他再次出现在教堂，同样重复他的祈祷。他每次祈祷每次不中，于是他周而复始，不间断地祈求着。直到有一天，他跪着说："我的上帝啊，为何您不曾聆听我的祈祷呢？就让我中彩票吧，只要一次，仅此一次，让我解决所有困难，我愿终身侍奉您……"就在这时，圣坛的上空发出一阵庄严的声音："我一直在聆听你的祷告，可是——最起码，你也该先去买一张彩票吧！"这个故事很可笑，可是在这个简单可笑的故事中，却有一个发人深省的问题：无论你如何思考，无论你思考了什么，也不论你思考的水平有多高，都不可能通过思考获得结果。

职场底线告诉员工一个重要的"结果原理"——靠结果生存！职场中，信奉的真理永远是只有功劳职场中，信奉的真理永远是只有功劳没有苦劳，没有结果的努力是无用功。没有苦劳，没有结果的努力是无用功。苦劳是过程，功劳是结果。衡量一个人的能力主要是看结果，以结果论成败，以结果论英雄。1993年，IBM亏损惨重，面临解体。危急之中，董事会选择了"卖饼干出身"的郭士纳出任IBM董事长兼CEO。郭士纳刚一上任，就开始裁员，至少有35000名员工被辞退。在郭士纳之前，IBM公司之前一直都奉行"不解雇政策"，公司的创始人托马斯·沃森更是把它作为IBM企业文化的主要支柱，他们认为只有这样才可以让每个员工都觉得公司安全可靠。而郭士纳大胆地进行改制，在一份备忘录中，他这样写道："在你们（被裁员工）当中，有不少人已经为公司效忠了很多年，到头来反而被宣布为'冗员'，报刊上也登载了一些业绩评分的报道，这些当然都会让你们伤心愤怒。我知道这对大家很残忍，我也能深切地感受到大家的痛苦，但大家都必须明白，此举势在必行。"裁员行动结束后，郭士纳对留下来的员工说："有些人总是抱怨，自己为公司工作了很多年，没有功劳也有苦劳，但薪水却还是那么少，职位升迁得也太慢。只是，那些抱怨的人啊，你想要多拿薪水，你想升迁得快，你就应该多拿出点成绩给我看看，你就得给我创造出最大的效益。现在，甚至你是否能够继续留任，都要看你的表现！业绩是你唯一的证明！"通过一系列的治理整顿和改革，郭士纳仅用了短短六年时间，就挽救IBM这个曾经的传奇式偶像企业于水深火热之中。决定企业生存的，不是理念，而是盈利、创造价值的结果。

行动创造结果，这个结果对于企业来说就是要有业绩。没有业绩，员工则没有价值。再能吃苦，再勤奋，创造不了价值，都等于零。员工的价值体现，在于他为组织创造的价值——结果。与这个结果相对应的是企业所赋予的价格——工资、报酬。只有创造了价值，才能获得回报。一个不能打胜仗的士兵，不能提供企业所需要的结果的员工，就不是有价值的，其获得的物质回报自然也就少了。

04
制度的基本功能是惩恶扬善
——只为成功找方法，不为失败找理由

只为成功找方法，不为失败找理由。你只要在工作，就总会有问题等着你去解决，如果你不想去做，那么你就总能找到比问题更多的借口。如果你坚信所有的问题都会有解决的办法，那么你就一定能够找到很多方法去解决此项问题。其实凡事总有解决的方法，方法也总比问题多，只要你多多思考，积极寻找解决方法，就会成功。

美国西点军校传授给每一位新生的第一个理念，其所奉行的最为重要的行为准则就是：没有任何借口。一些员工之所以会在工作中失败，其实并不是缺少寻找方法的能力，而是缺少相信问题能够得到解决的决心，缺乏的是一种不达目的不罢休，必须达到的魄力。"没有任何借口"，表现的无疑是一种毫不后退的决心和坚定。这种军事观念对需要不断解决问题的企业员工来说，实在是一种激发全力以赴工作态度的方法和动力。如果我们在面对任何问题时都对自己说"没有任何借口"，不给自己任何不去解决的理由，而是坚信问题能够解决，竭尽全力去寻找解决问题的方法，那么就总会有办法。

英国著名科学家达尔文曾说："世上最有价值的知识就是关于方法的知识，避开问题的最佳途径，便是运用方法将它解决掉。"问题最怕方法出面，世界上没有什么不可能，如果有一千个需要解决的问题，那么解决的办法最少也要有一千零一个。方法是让问题到此为止的唯一拦截者。只要方法到位，成

功便会自然而至。罗斯·佩洛特是电子数据公司（EDS）的创始人，他坐拥资产10亿元，事业成功。其实，罗斯最开始还是美国最大的计算机公司IBM的一名推销员。细心的他发现，许多用户的计算机功能都没有得到充分利用。当时罗斯想：如果IBM公司能够增设数据处理业务，使这些用户计算机的潜力得到发挥和利用，那么一定会大获成功。心动不如行动，罗斯马上着手撰写了一份有关数据处理服务的市场报告，并满怀期待地交给了IBM的管理层。但是令他没有想到的是，他的设想很快就被公司决策层否定了。为了实现这个目标，罗斯毅然辞职，开办了自己的公司。由于资金有限，罗斯根本买不起昂贵的计算机，开展服务业务的想法一度被搁置。但是经过一番认真思考，他想出了一个两全之法：他先到一家保险公司，用"批发价"买下了这家公司所有IBM计算机的使用时间，之后又花费5个月的时间，联系到一家无线电公司，向其提供计算机服务，并以"零售价"将使用时间卖给了这家公司。这样，一来节省资金，二来又能顺利开展业务。经过这样一番计划和实施，结果市场一下子被打开了，业务蜂拥而至，罗斯的公司得以迅速发展。

不怕做不到，就怕想不到，无论是什么问题，只要你敢想，想得有道理，就能想出好方法，就有成功的可能。但是仅仅想出方法就足够了吗？当然不是，只有好方法才能有好结果。要想在工作中脱颖而出，你不仅要善于寻找方法，还要力求找到最适合、最有效的解决方法。一家大型销售企业在多个城市拥有连锁超市，为了扩大经营，企业在某市小区附近再次设立新店。于是公开向社会展开销售部经理的招聘，招聘启事一公布，便有60多名应聘者前来面试。几轮面试下来，人力资源部经理最后待定下了20名优秀的候选人，通过再次考核，会聘用成绩最优秀的那名应聘者担任销售部经理。在最后一轮考察中，面试官为20位应聘者出了这样一道题：在3天时间内调查清楚小区的购买力情况，所用时间短，信息准确者受聘。同时发给每位应聘者一个档案袋。

考核的要求是情况调查要在三天内完成，将具体情况写好后装进档案袋，并在档案袋上写上个人信息和提交的时间。上午9点，20名应聘者全部出发。仅仅过了四个小时，一个名叫凯特的年轻人便回到公司，提交了第一份答卷。第二天，应聘者也都陆续递交了答卷。第三天，面试官要求所有求职者在招聘大会上自己打开档案袋，并宣读自己的调查情况和方法。结果调查方法和结论五花八门。大致可以分为以下几种：有人采取了电话调查法，也就是把电话打到用户家中，在征得主人同意后，再逐项询问具体情况，这种方法比较轻松，但是需要花费较多的电话费；有人采取了抽样调查法，取小区所有楼号的单数或双数，再取相应楼的同一个单元，每个单元再取两个序号，进行人事走访调查，查明每户家庭的人口、收入、消费支出与结构，根据这个数字再得出总体结论；有人采取了直接询问法，就是站在小区门口，随机采访进出院门的住户，并向他们询问相关的问题。人力资源部经理也表明：以上三种方法都较为可行，这给使用相关方法的应聘者带来了希望，但是其最终公布的聘用结果却令很多人吃惊，最先递交答卷的凯特，最终被任命为销售部经理。面试官给出的理由是：用最短的时间获得最有效的结果。原来，凯特在调查中没有像其他人那样去采访住户，而是对小区的所有垃圾箱进行了查看，并根据垃圾的品牌、包装、数量等，很快确定了这个小区总体消费水平的大致情况。

可见，在问题面前方法很重要，有效的方法更重要。特别是在企业中，能够高效解决问题的好方法更是至关重要。企业以发展求生存，以高效率运营作为突破的手段。能够为企业高效解决问题、为企业解决麻烦、创造价值的员工，才能获得企业的关注和重用。

05

严纪律，强制度
——纪律的根本目的是践行制度

众所周知，任何一项制度的落实执行离不开纪律的约束，遵守纪律是每个人最基本的义务。一个集体、一个单位没有一套科学的管理制度，就无法实现纪律的践行。制度的实施，从而更好地运行了纪律的保障。任何事物的发展离不开它的自然规律，违背了规律，就要受到其身自害。纪律也一样，推进纪律的运转，制度必须前行。违背了制度的纪律也变成了一潭死水。没有规矩就没有方圆，没有纪律就是一盘散沙。我们必须在纪律的约束下，我们的工作、生活家庭才能出现双赢的局面。

纪律和制度是组织成功的保障。任何没有制度的管人手段，可以说都是不起作用的。说话不灵，做事就无效。纪律和制度的制定是组织中全体成员行为一致的前提和基础。所以，要想让组织有统一的行为，组织的领导者首先需要做的工作就是"建章立制"，确定游戏规则。纪律对任何组织来说都是胜利的保证。每个企业都不可避免的会有一些棘手的问题，例如，员工抗命、联合起来对抗总裁或要挟领导、不愿与某同事协调合作、醉心于工作外的事项、纷纷请调或离职，等等。这些问题都是和人有关的，往往发生一两件，就使人感到头痛和焦虑。因此，在企业的经营管理过程中一定要有严明的纪律。

企业必须把纪律放在重要位置。对于大部分员工来说，自我约束是最好的纪律，他们应清楚理解纪律本身的意义——即保护他们自己的切身利益。所以领导者不必亲自出面严明纪律，当需要强制实施惩罚时既是领导者的错误，也是员工的错误。正是因为这个原因，一名领导者应该在其他的努力不能奏效的情况下才借助于纪律惩罚，尤其应该澄清的是，纪律不是领导者显示权威和权力的工具。

员工们的许多不良表现都会成为进行纪律惩罚的原因。对于一般的违纪行为，它们的形式和性质都不会有太多的不同，不同的只是它们的程度。人们常常会忍受一些轻微违反标准或规定的行为，但当违反了大纪或屡教不改时就需要立刻采取明确的纪律惩戒。人们违反纪律会有很多原因，大多数是因为不能很好地调整适应。导致这些后果的个人性格特点包括马虎大意、缺乏合作的精神、懒惰、不诚实、灰心丧气等等。所以，领导者的工作是帮助员工做好自我调整，如果领导者是个明辨事理的人，他会真诚地关心员工，使员工在工作的同时享受到更多的乐趣，逐渐减少自己的违纪行为。如果员工面对的是一位一天到晚拉长着脸，讲话怪声怪气，动辄以惩罚别人为乐趣的无聊的领导者时，找一些迟到早退的借口，逃离关系紧张的工作环境，还会是出人意料的吗？

纪律的英文单词discipline，还有一个意思是训练。可以这么说，好的纪律可以训练员工良好的工作习惯和个人修养，而当一名员工已经具有了过人的自制力和明辨是非的判断能力的时候，纪律对于他个人来说，可以被视为是不存在的。纪律的真正目的正是在于鼓励员工达到既定的工作标准。制度在社会的发展中，不断更新、不断变革，目的是为了更好地运行纪律，有了纪律的保障，我们才能更好地完成工作。一个人遵守纪律的好坏，不在于一个人的性格和性情，关键在于这个人的文化修养。必须说的一个事实是自身修养不是你的学历有多高，受教育程度有多深，而是你在一个单位、一个集体、一个家庭所面临事物的发展，所潜意识的影响和吸收接触各种事情的理解。自身素质的提高，不是界定你的出身，是你在工作中，所面临事物变化而掌握的科学工作理论。一个涵养高的人，肯定对纪律执行比较认真的人，因为懂得纪律是一个相互尊重和谐相处的意境。经常性的学习是对自身最好的锻炼，学习不是简单的一个过程，而是人生道路上最诚实的伙伴。读万卷书、行千里路、学海无涯、学无止境等这些用词，更简明地表达了一个人思想的境界。对客观与主观的理解是对事物的发展所得见解，唯物主义与唯心主义其实站的立场不同而已。这些足以证明，我们提高素质就能最好遵守纪律，保障制度运行。

不管在任何时候，一个单位、一个集体没有了制度，就无法实现纪律的存在。遵守纪律是每个人必须履行的义务，如果超越了这个框架就是脱离了这个集体，就变成了一盘散沙，如果一个人在单位不经常参加学习、开会、不参加活动，那么这个人就长时间脱离了集体，就会对纪律变得松懈，从而从内心抵制纪律制度的运行。所以学习是人生做事的基石，现在社会的发展不需要莽夫而是更多的脑力劳动者。投机取巧只是一时的得逞，不可能存活很长时间，我们只有按照规章制度遵守纪律，我们的自身才有保证，我们的工作环境才有最好的发展。

纪律是保障制度的根本，任何人都需要遵守并执行。

06

没有制度，遑论纪律

——加大遵守纪律的强制性

职业纪律是一种职业行为的规范，它要求人们遵守业已确立了的行业的秩序、执行命令和履行自己的职责。它是调整个人和他人、个人和集体、个人和社会等关系的主要方式，也是对人的职业行为进行社会控制的手段，对维护社会生活秩序起着重要的作用。

纪律作为一种社会控制的手段，是在人们的社会生活和集体生活中产生的。在人类刚组成社会的时候，由于生产力水平低下，原始人以血缘为纽带群居在一起，在共同的生活和劳动中，形成了一些人人都必须遵守的行为准则，以使人们有一个稳定的生活环境和正常的生活秩序，使社会得以生存和发展下去。在当时艰苦的条件下，调节人们行为的仅仅是社会公德。随着生产力的发展，社会的分工使人们的活动范围扩大，相互间的关系复杂化，出现了一部分人与另一部分人的利益、个人利益同与之相互交往的人们的共同利益之间的矛盾。人们共同生活的内容越来越丰富、领域越来越扩大，人们对社会公德的调节的依赖越来越大，而社会公德对人们行为调节的深度却越来越小，为了维系和保障社会生活秩序，于是就出现了纪律和法律，和社会公德一起对人的行为进行社会控制，使人们遵从社会生活中的行为规范，维护社会生活秩序。职业纪律作为对人的职业行为进行社会控制的手段，它产生于职业分工。职业分工的产生和发展，使具有不同利益和处于不同地位的人们不可避免地要发生社会交往，为了维持这种交往的正常进行，以达成交易，便订立了一些能被双方从业者都能接受的行为规范，以此来约束从业者的行为。人们在调整各方面的关系和处理各种矛盾的过程中，逐步积累了一些经验，经人们不断总结，制定出一些从业者必须遵守的纪律、守则等职业行为规范，要求从业者去遵守、去执行、去履行自己的职责。

春秋时代，著名军事家孙武，写了一部兵书。有一天，吴王阖闾挑选了180名嫔妃让孙武训练，意在试试孙武的兵书灵不灵。孙武奉命练兵，把嫔妃分为两队，并以吴王的两个宠妃各为队长。孙武交代清楚训练要领，然后带领大家操练。他一而再，再而三地三令五申，这些嫔妃却嘻嘻哈哈，吵吵闹闹，怎么也操练不起来。孙武说："约束不明，申令不熟，将之罪也；既已明而不如法者，吏士之罪也。"说着，他命令把两个队长推出去斩首。吴王阖闾闻讯，赶紧派人求情，说"寡人已知将军能用兵矣。寡人非此二姬，食不甘味，愿勿斩也"。孙武答道："臣既已受命为将，将在军，君命有所不受。"结果还是把两个妃子给斩了。这一来，那些嫔妃们再也不敢嘻嘻哈哈当儿戏了，一个个都老老实实地做着操练动作。孙武这一招很厉害。因为他纪律严明，把那些嘻嘻哈哈的嫔妃们给制服了。如果不是他强制实行纪律，嫔妃们怎么也成不了一支队伍。其实这是古人带兵操练的故事，同我们所讲的"纪律"不可同日而语，但是，关于纪律带有强制性这一点倒是相同的。

企业的纪律，是以服从为前提的，毫无疑问，同样具有强制性。企业纪律有强制性。不自觉遵守，必须强制执行。明知故犯者，要给予处分；情节严重而不愿改正者，应追究他的责任。企业纪律的强制性，表现现在每一个员工都要无条件地遵守。就是说，在企业的纪律面前，不允许以任何借口或者任何理由拒绝执行，也不允许以任何借口或者任何理由打折扣。比如说，在工作上必须同上司保持一致，这是纪律，每个员工都必须服从，有谁在工作上同上司不一致，在言论和行动上搞个人自由化，那就违反了企业的纪律，就要受到企业的纪律的制裁。企业纪律的强制性，还表现在不分工龄长短、不分职务高低，一样具有约束力。在企业的纪律面前，每一个员工都是平等的。不能因为某人的工龄长、职务高而有所特殊。在某种程度上来说，对工龄长、职务高的员工要要求更严、更高。企业纪律的强制性，还表现在不分时间、地点、条件，也不分任何特殊情况，都要严格的遵守。有些员工有一种误解，似乎在企业的开放发展中，因为情况特殊，纪律可执行也可不执行。

其实，作为一个企业员工，在任何情况下都要严格遵守企业的纪律，这就是企业纪律的强制性。如果因为情况特殊，在纪律方面有什么可以"松动"的话，那么，纪律就失去了严肃性。在经济活动中，有些员工经不起糖衣炮弹的袭击，堕落成为经济犯罪分子；相反，有些员工"出淤泥而不染"，保持一身清廉。这就足以说明，是不是严格遵守企业的纪律是大不一样的。为什么企业的纪律有它的强制性呢？这是因为，如果企业的纪律不是强制的，也就是说不是严格的，铁一般的，那么，企业就会成为一个松散的"俱乐部"，就会成为高谈阔论的沙龙。

企业的纪律的强制性，是建筑在自觉性基础上的。作为纪律本身是带有强制性的，但对执行者来说又是自觉的。企业内讨论问题的时候，每一个员工都有权利发表自己的意见，但是，在经过充分讨论就某一个方针政策或某一个重大问题做出了决议，那就成为某种纪律，就具有强制性。古时候的军事家孙武为了严肃军纪，强调"约束不明，申令不熟，将之罪也；既已明而不如法者，吏士之罪也"，这对我们是不无启迪的。作为一名企业员工，为了完成自己的工作使命，为了自己事业的发展的，不仅需要知识、能力和经验，同时还需要有严格的纪律，以保证自己和企业的步调一致，从小的成功走向更大的胜利。

07

制度是个"染缸"，纪律可以"漂白"

——企业最缺的不是制度，而是制度的执行

　　企业制度是企业目标实现的保障体系，不能执行的制度就是无效的。企业可以通过必要的宣传使员工普遍认知、接受企业制度，并将强制执行与文化激励结合起来，使员工能够自动自发地按照制度要求规范自己的行为。制度对于企业的意义在于可以更好地约束和规范员工行为，是企业运营的法规性保障，使企业变得合理有序，然后才能形成有自己特色的企业文化，那么如何执行企业的制度？

　　首先，领导必须带头执行各类规章制度，必须贯彻制度面前人人平等的原则，无论谁违反规章制度都必须按相关的规定予以处罚，制度不能有选择地执行，从而保持规章制度的权威性和严肃性。其次，在执行企业制度时，应充分考虑制度的时效性，而时效的前提是制度必须符合当前的形式，因此，制度应当及时地更新淘汰过时的，采用新的管理制度，从而使制度能更好地规范员工行为。再次，规章制度并不是越多越好，也不是越简单越好，而是简单、有效、适用，这样的规章制度比较合理，规章制度应人人都能看懂，无论文化程度的高低，防止使用偏僻词汇或过于专业的词汇，使用术语，应当做必要的注释。最后，规章制度制定必须考虑其可行性，一旦规章制度发布了，就必须得到贯彻，并严格地执行，在执行中完善和改进，维护其权威性。只要做到持之以恒，一定可以不断健全企业的制度文化，为企业生存与发展打下良好的基础，无情制度，有情操作。保证制度的严肃性，同时也要用灵活的操作方法，

让员工心悦诚服，同时要做好沟通工作，让制度在工作中发挥主导作用，这样才能形成良性循环，使企业进入健康有续的发展轨道上来。

企业制度执行力实施通常三原则：流程化，明晰化，操作化。所谓流程化，就是一定要把这个决策做成一个流程，任何一件事都有流程，都可以分成事前、事中、事后三个阶段。分成阶段之后，我们就可以确定不同阶段的工作内容。流程的最大好处在于通过一件事情发生的过程强调执行，而不是通过职责。流程管理和功能管理不一样的地方在于，功能管理往往强调事情本身，做这个事情往往就是目的，但是流程管理的目的是为了结果，为了公司获得效益，否则就宁愿不惩罚你，不考核你。所谓明晰化就是把流程中的要点做明晰。明晰的要点在于量化，如果你想强调什么，就去把它量化，如果你不量化，就等于在告诉别人你不重视它。不能量化就不可以考核，也不能真正实施！所谓操作化就是把明晰的东西做成可操作的。如果一个计划只有数量目标而没有行动措施，就会"不可实施"。

执行的三化：流程化，明晰化，操作化，就是建立一套制度化的违规处罚机制。世界上大部分公司的失败，大多源于这种机制的失效。如果一个企业能认识到制度执行力的重要性，能自动构筑一个不依赖于能人的执行系统，能建立一个科学完备的制度体系，那么企业的战略执行能力就会大大增强，企业的持续竞争优势就会不断显现，企业就会不断发展壮大，健康成长。

有效执行企业制度，要求掌握如下要点：

1. 知行合一。这里的知有两层含义：一是确保员工清晰了解企业的规章制度。企业可以通过固定的形式组织员工学习。比如，在每周的政治学习会或者民主生活会上安排相应的环节，学习企业规章制度或者企业最新文件。中国石化的某些标杆班组在他们的班前会中就有一个固定程序，被称作"上传下达"，一方面，将企业最新的政策或者工作要求、制度规范做相应宣讲，确保员工知晓最新政策和制度规范；另一方面，又注重将员工的相关想法和建议反馈给车间或企业，实现了双向沟通。二是以利益为导向激发员工的自律意识。企业要让员工认识到，虽然制度维护的是企业的根本利益，但员工的利益与企业利益是息息相关的。执行了企业制度，就是保障了企业的利益，进而维护了自身的权益。强制性制度背后是保障性的利益，只要遵守、只要付出就有回报。

2. 刚柔并济。班组长在十几个人的小群体中处事很容易掺杂个人情感，哥们儿义气现象较为普遍，在执行企业制度时可能存在营私舞弊行为，这是对企业远发展和制度制约性、权威性的最大伤害。以班组的安全隐患、安全事故为例，人为的包庇与放纵，既是对企业安全制度的践踏，也是对企业职责的亵渎，更是对违规人员的不负责任。因此，企业作为企业权威的维护者、企业制度的执行者，必须严格执行企业制度，维护制度的强制性与权威性制度执行还需强调柔性引导。

"文而化之"是执行企业制度的有效方式，企业应构建尊重人、关心人、相信人的人文环境，对员工的权利意识、自主意识进行教育与引导。那么面对问题员工时，又当如何执行企业制度呢？很多时候，对于问题员工来说，越严格执行制度其行为越反弹。你处罚得再重，批评得再狠，仍然不能杜绝他们的负面行为，甚至会愈演愈烈。这时的制度是无力的。面对这种情况，企业需要具体问题具体分析，用柔性的方法加以引导。

西柏坡电厂某班组成员小刘是班里的老大难，他时不时地触犯企业制度，经常违反安全规程，班长老李为此绞尽脑汁，想了各种办法，但收效甚微，过不多久，小刘总是"旧病复发"。后来，老李发现小刘特别讲义气、爱面子，所以，后来碰到小刘违反规程，老李不再一味处罚，而是与其沟通，比如请他吃饭，夸奖他的仗义，并侧面提醒他违规行为的危险性。这样沟通几次，小刘的违规行为越来越少，最后还当选为班组的安全员。班长老李深刻地感悟到："执行制度还是要靠策略与方法的。"

08

制度要硬，纪律宜严

——爱的管理，铁的纪律

爱的管理，不是一句空话、套话，不能光耍嘴皮子，玩虚的、假的做做样子，而是要满腔热忱、激情勃发地化作实实在在的行动。作为美佳的职业经理，要正确摆正专业人、角色人的位置，爱在企业、情系下级，团结带领全体员工与顾客一起创造卓越。在赢得顾客满意、实现企业效益的同时，使员工每天持续进步一点点，共同创造价值和获得惊喜！

"爱的管理，铁的纪律"在英派斯公司的大门旁，一行大字吸引了人们的目光："爱的管理，铁的纪律"，醒目、响亮，但也让人感到费解。"爱"和"铁"能熔于一炉吗？这个充满矛盾又充满辩证法的口号意味着什么？一提"铁的纪律"，人们就会想到处罚、想到严酷。在英派斯一个车间门口布告栏里，一个不大不小的纸上写着：一位工人因为明知装不了还是装过重的货物，压坏了运料车，处以"1点"处罚。另一名工人因为工作出色而给予奖励"1点"。这就是英派斯集团公司的"加扣点"方法，每1点为15元，为了保证生产秩序和产品质量，在工作的每个环节"加扣点"，在行使着权限，它又像一根杠杆，支撑着企业生产的正常运转。纪律不可谓不严，为什么英派斯人却如磁石吸铁一样凝聚在一起，棒打不散，团结得像一家人呢？张爱国总经理把这归结为"人和"。她说，天时地利人和，天时和地利都可能起变化，但人和不能变，人和百事兴。人和是管理的最高境界。英派斯所以能有今天，人和起到了关键的作用。英派斯集团公司对员工的爱是多方面的，既有为每个员工上24小时人身保险、为每位员工了解企业的重大动向等普降甘霖式的爱，也有多劳多得的物质奖励、对每员工的充分信任、对每个员工全免费的义务培训、对有困难员工带头捐助这样对个体的关心。英派斯集团公司把员工视为企业的主体，公司的重大举措都要通过激发员工积极性，来鼓励员工积极参与。员工在这里同样感受到主人翁的地位，拥有强烈的责任感，从而自觉进行自我管理，承担好自己的一份工作。1997年，公司引进日本先进的5S（整理、整顿、清扫、清洁、教养）操作法，推动公司实现ISO9001认证。这一举措得到了员工的广泛认同。这一事情本身就是英派斯企业文化独特威力的明显印证。"爱"与"铁"同熔一炉，这一充满辩证法魔力的矛盾统一构成了英派斯企业文化的核心，"和谐、奋进"构成了英派斯公司前进的主旋律。这些与"公平、公正、公开"的行为准则，"简单、迅速、确实"的工作作风，"改善、创新、向上"的企业精神，"成长、效益、奉献"的企业目的一起，为英派斯企业文化构筑了一道美丽的风景线，使英派斯集团公司像一艘用核原料做动力的巨轮，在汹涌澎湃的商海里乘风破浪，一往无前。

放眼世界500强的企业，在其经营管理上都有一套各自的看家本领。美国公司擅长搭建宽松环境平台，诱发员工大胆张扬个性，从而激励员工无限创造力来为公司赚取财富。日本企业则以铁腕管理手段创造高速度高效益，讲究内部团队精神，树立管理者绝对权威。"没有不可能，要做100分"，一个企业只要把"爱的管理，铁的纪律"有机结合，融入一体，就可以形成别人虽可借鉴模仿，但却很难移植"克隆"的企业文化精髓。

俗话说，国有国法，家有家规，爱的管理与铁的纪律，是对立矛盾的，也是可以统一贯通的。在战场上，一支没有"军令如山、纪律严明"的部队，是不可能打败敌人获得胜利的。在市场上，一个没有"奉公守法、令行禁止"

的团队，也同样是不可能超越对手走向成功的。"领导外行心软，中层畏难怕担责任，基层怕苦无措施"，这是曾经的国营现象。然而，在现代企业内部，端起饭碗吃肉、放下饭碗骂娘的有之；写匿名信唯恐天下不乱的有之；私心膨胀贪占小便宜的有之；得过且过撞钟混日子的有之。如此种种，都是政治上缺乏忠诚度、精神上缺乏进取心、思想上缺乏价值观、行动上缺乏纪律性的"经典"表现。这种不求知、不求进、不追求勤奋与拼搏的员工，不为企业创造价值的员工，不言行一致不遵纪守律的员工，是不会被企业长期聘用的，也必然在竞争中遭到无情淘汰。作为一名员工，积极主动响应企业号召和有效执行是关键。目标、任务的制定固然重要，而重视执行更重要，执行力的贯彻需要有铁的纪律。企业在执行流程和纪律处置时，要不怕"翻脸"、不怕威吓、不怕投诉，坚决维护企业的整体利益。

每个企业的事业都可以看作崭新的事业，每个企业的前程都可以看作美丽的前程。"超越自我，超越竞争对手，人生价值在于不可能成为可能，要发展得比别人快，只能如此拼搏。"作为员工，在学习他人成功的热潮中，只有明确自己"是什么？为什么？做什么？怎么做？做多少？和谁做？何时做？"，只有执着、坚信、努力、自律，只有不遗余力、竭尽全力，才能与企业共享胜利的喜悦和利益。

创业没有坦途，攀登不留后路，在大海中学习游泳，在实践中去体味"爱的管理，铁的纪律"的真谛，两手抓不偏离，只有这样才能把企业文化发扬光大，把企业理念付诸行动。

第四章

纪律成全
美好人生

01

在纪律的保证下自由发展

——纪律保障制度的灵活性

在企业中，一提到纪律与自由，我们首先想到的就是青年员工，他们正处在朝气蓬勃的时期，就像嫩芽要冲破各种束缚最终要从土里长出来一样，活力四射。他们正是喜欢自由，向往自由，追求自由的年龄，而在职场中，总是有这样那样的规章制度需要他们去遵守，如果他们在追求自由的时候违反了这些制度，就要受到批评教育，甚至受到处分。这样一来，制度的遵守与自由的追求往往就出现了矛盾，其实不然，只有在纪律的保证下，职员们才能健康自由的发展，只有有了牢靠的纪律，职员在执行规章制度时才会有较大的灵活性。

纪律是一个集体的成员必须遵守的规章、条例的总和，是一个集体的成员遵守秩序、执行命令、履行职责的行为规范。纪律是多种多样的，任何一个集体都有自己的纪律。在一切工作领域，企业的纪律和制度是人们一定的道德和政治现象的表现。在旧社会，那些不能遵守规章制度的人总会被看成不道德的人，而在现代社会，尤其是在现代企业中，缺少纪律性、不守纪律的人常被看成反对企业的人，这些人连最起码的企业制度都不能遵守，那么每一个企业的领导和员工不仅会从遵纪守法的观点出发，而且也会从政治和道德的观点出发来看待他。现代社会中的纪律和旧社会的纪律不同，现代社会中的纪律更多地和主体的自觉性相结合，这种自觉性保持了纪律制度的顺利实施，也保证了作为执行纪律制度的主体——人，能在纪律制度的保证下更好、更灵活地把握纪律制度的实施。那么为什么在纪律的保证下，人们才能自由发展呢？为什么只有遵守纪律，才能保证制度的灵活运用呢？

随着社会的发展，企业的纪律制度越来越完善，越来越考虑到人的主体性，那么企业往往会把纪律当作我们精神上的幸福的形式，从而逐步培养员工这样理解纪律的观点，使员工以自己拥有较强的纪律感而自豪。如果员工对待良好的纪律，就像对待全企业最好的工作指标一样，那么他们就会自觉地把纪律贯穿自己的工作中，时时提醒自己，这样他们就会轻松自由地做自己的本职工作，从而在无压力的情况下，高效率地完成公司布置的任务。而对于企业来说，也应当经常和员工谈论纪律，加强他们的纪律性，特别是在全体大会上以及其他场合。在企业工作的各个方面，要用出乎一般日常实践范围的专门的形式来组织员工工作，这样的形式一般有两种。

（1）委托给个别的组长、班长、主任等，用口头或书面的命令向员工宣布，并指出完成的期限和标准。这种工作完成后，应当由组长、班长、主任等来做总结报告，并在必要时讨论工作的结果。

（2）建立特别的全权制度，例如授予组长、班长、主任等以这样的权力：他有权对员工发布任何命令，这个命令应当在任何的条件下毫无异议地完成。

对于制度来说，和纪律并不是完全相同的，纪律永远是整个工作过程的结果，而制度首先是企业用来组织行动的一种手段，是一种让每个员工用内在内容来充实的外在形式。一般来说，在制定正确的工作制度时，有以下一些标准。

（1）要有准确的目的性。一切制度的形式应当有一定的意义，并且在全体员工的心目中有一定的逻辑。如果要求大家同时加班，那就应当使大家了解为什么要有这种要求。如果要大家遵守纪律，那么大家就应当知道遵守纪律的必要性。例如领导上如果要求员工实行每天三人或五人加班，而没有人了解为什么要这样做，那么这种制度形式是非常有害的。工作制度的逻辑应当经过审查，然而，这种审查不是在执行的时间，而是在决定的时间。因此一切工作制度的形式应当在全体员工大会上讨论，但是通过以后，除非由该全体大会重新审查，任何讨论和反对是不容许的。

（2）制度一定要有精确性。一切工作的规则和程序，在时间和地点方面，不应当容许有任何的例外和松弛，如果决定七点十分上班，那么每一次迟到都应当认为破坏了秩序，造成事故的人必须负起一定责任。如果决定六点五十五分下班，那么不管有任何可以原谅的原因，也必须遵守时间。为了使这种秩序受到普遍的尊重，每次最微小的破坏制度的事情，必须有领导方面的书面准许。

不要认为脱离了制度的约束，员工才可以充分发挥自己的才干。恰恰相反，当你的个性不能服从于制度时，你的才华往往不会得到施展。所以，你必须使自己的个性服从于公司制度，即使你的个性再有魅力，都不要把它视为一种可以炫耀的资本。

切尔西是一个非常优秀的职员，特别是他的专业技术和外语都很出色，但是他总是不满意公司的这种那种规章制度，于是他就频频更换工作，而他在每次跳槽时，都会对自己失望，都会觉得不解：为什么他每次在公司会议中提出的想法和建议总是被老板"枪毙"，或者被同事"冷落"，而他自己又实在想不出自己哪儿做错了。他的一位朋友听说他这种状况，就去找他，在聊天中，他的朋友问了切尔西一个问题："是不是所有的老板都听你的，你就觉得心里平衡了，觉得满足了？"切尔西想了一会儿，点了点头。他的朋友笑了笑说："你个性这么强，这么在乎自己的感受，而你只是一个员工，员工在工作中做得最多的就是服从，你说你总是有这样的想法，怎么会好好地去工作呢？"一个员工要努力做到与公司的整体节奏合拍，要学会服从公司制度，只有在这个前提下，才可能充分展露个人的灵感和创造力，一个人个性的张扬和独特之处是在遵守制度之下才被允许发挥的，否则就会处处受挫，不能有效地开展自己的工作。像切尔西那样有着出色的天赋和才智，喜欢展现自己个性的员工，如果能把自己的特点和公司的规章制度合理结合起来，那么他在工作中就不会经历许多的波折。不知道在制度的规范下发挥自己的长处，就会使自己的自我意识得不到有效限制，从而导致认不清自己的职责，进而不能合理地将自己置身于公司当中。所以，对于员工来说，要在纪律的约束下，让自己的个性灵活地融入公司的制度中，才能全身心投入工作，自觉完成任务。

02

严纪律造就好制度
——纪律文化促进制度的合理化

　　德国人有句名言："让规则来统治世界。"德国人自觉的纪律性在全世界都是有名的，他们的纪律性使他们在第二次世界大战之后能够使本国的经济较快的复苏，对于他们来说，不管是谁，都不能凌驾于规则和制度之上。在现代企业中，如果不能把遵守纪律的理念很好地渗透到每个员工的思想当中，企业的纪律文化就不能形成，那么企业就不会有发展前途的，在市场竞争中一定会失败。对于所有的团队来说，如果想要好好运作下去的前提条件就是严肃纪律，甚至可以说，没有纪律就没有一切。所谓企业或者个人的创造性、主观能动性等也都必须建立在服从的基础上才能成立，否则，再好的创意也推广不开，也没有价值。

　　企业制度是企业活力与可持续发展的最根本保证。企业的活力首先来自企业合理的纪律文化，一个企业的繁荣往往取决于这个企业是否有可靠的纪律文化做后盾。如果，一个企业缺少自己充实的纪律文化，就会导致企业制度的不合理，这样一个企业必定不可能有活力，而且，也必定不可能实现其可持续发展，不管这个企业曾经多么辉煌，也必定是红极一时随时都会消亡。在我国，过去有很多传统的国有企业，他们在这个充满竞争的社会中之所以缺乏活力的根本原因，就是因为他们缺少强大的纪律文化来支撑其企业制度的发展，而企业制度不合理的安排严重地抑制了企业中员工的活力，导致了企业从根本上丧失了活力。当国家意识到这个问题之后，特别是改革开放后，国家对原有国有企业进行了改革，那些改革好了的企业，虽然没有换人，仍然是原有的同样的人，但在企业制度改革以后，这些人的活力却非常充分，从而企业活力大大增强了。也就是说，虽然是同样一个企业，但是由于企业制度的不同安排，其效益在前后将会有比较大的变化。可见，是企业制度带来了企业的活力和可持续发展。同样，有的民营企业为什么比传统的国营企业有活力？原因之一就是民营企业的制度安排比传统的国有企业好，其制度安排更能调动人的积极性，其制度安排更符合生产力的要求，所以民营企业制度使民营企业的活力比较充分，有很强的竞争力，从而保证了企业的快速发展。因此，企业制度安排是企业活力与可持续发展的最根本的保证，而企业制度的合理安排又较大地取决于企业的纪律文化。因为，在市场经济社会中，凡事必须有法可循，市场才能有效运作。制度必须体现至高无上的权威性。任何个人、任何组织都必须服从企业纪律。必须坚持在纪律面前人人平等，不允许有任何特殊与例外——违反者必须接受制度的惩罚，就算他们违反的目的是为组织或团体赚钱，也不例外。否则，公司企业的纪律规定就会变成一纸空文，而企业制度化管理就会成为一句空话。

每一个企业在发展中，都会有自己的发展战略，而这些发展战略往往都是无数商战和管理者的智慧、经验的结晶，这些发展战略只有在良好的企业制度的保证下才能顺利实施，如果这些企业的员工不能好好地遵守纪律，就会导致这些宝贵的战略失去意义，因此，一些常青树企业严格规定，一旦制度和战略形成，任何人都必须百分之百地支持和无条件地遵守，甚至管理者也不得寻找任何借口。管理者和员工之间的上下级关系，注定了他们之间一个是命令者，而另一个是执行者。但是，不同的员工，在同一个老板面前，会表现出不同的工作态度。身为员工，当你的工作进展与老板要求相吻合时，即便你的工作方式与老板所期望的不一致也不为过错，他会理解你，因为一个人的工作方式受他的个性影响。出色的员工往往会由于他们的一些个性而会格外赢得老板的赏识，因为正是这种个性在一定程度上满足了老板对他们的某种期望。但是，你不应因此而成为自己自傲的本钱，从而来挑战纪律和制度的权威性，这样你就必定不会受到上司的褒奖，反而会让他们对你产生反感。作为老板本人，也绝不能放纵自己的个性，过分自我炫耀，对于遵守企业纪律制度这方面要以身作则，为员工们做楷模，来保证企业的纪律文化对每一个职工的影响力。对于任何人来说，如果在工作中，由于受个性的支配，对企业的纪律制度时而遵守、时而违反，那么你首先就会被淘汰，因为在别人眼中，你缺乏自律性，缺乏责任感，这样的人是不值得托付重任的。

中国两三千年的封建社会等级制度，讲的是"刑不上大夫，礼不下庶人"，统治者强调的是一种特权，一种凌驾于法律、规章制度之上的特权，他们因人论罪，礼为尊上卑下、刑为宥贵残贫的封建特权阶层的私器，也即俗话说的"只许州官放火，不许百姓点灯"的霸权。因此中国人只要有了权，或者跟权力沾了边，便不由自主地想搞特殊，为了自己的方便违反制度。这样做的直接后果就是人心动摇，"裙带关系""亲戚关系"大行其道；"溜须拍马""攀关系""走后门"盛行，结果导致领导的决策不能令出必行，执行力大大减弱。三国时期，诸葛亮挥泪斩马谡的故事至今流传。马谡是诸葛亮的好朋友，在马谡违反纪律的时候，握有生杀大权的诸葛亮完全可以维护自己的好朋友，可是他还是选择把马谡斩了，因为诸葛亮很清楚，对于蜀国来说，失去马谡只是失去了一员干将而已，对于他自己来说，也只是失去一个好朋友，但是对于整个蜀国的前途来说，由于马谡搞特殊化，如果不杀他，那么长期以来树立的军法的权威性就会大打折扣，如果每一个士兵在违反纪律的时候都要找关系、托后门、逃避责任，那么这个国家该如何发展啊。

对于公司来说，公司的纪律文化就像蜀国的军法，严格的纪律文化保证企业制度的顺利贯彻，就如同诸葛亮挥泪斩马谡一样，公司的员工必须不折不扣地遵守企业纪律，只有这样，一个企业的企业纪律才能被树立起来，公司的制度才能慢慢地越来越合理，只有合理的制度才能保证公司不走向失控的边缘，保证公司的强劲发展。

03

守规矩的人才有成功的机会
——纪律使人更好地适应制度

  一个团队或者一个集体如果想要成功地发展，就必须依靠强大的纪律来保证。在我们每个人的学习、生活和工作中，纪律是一个非常严肃的问题，一个人不能好好地遵守纪律，就不能拥有成功的机会，纪律与我们每个人都有密切的联系。在中国，我们自古以来的教育制度让我们从小就有机会学习到、体会到纪律的重要性。但是在现实工作中，依旧有不少人不能做到守规矩、尊纪律，从而导致工作无法完成，给公司、单位造成巨大的损失。对于许多中国人来说，都应该重新上一堂纪律课！

  《辞海》中对纪律是这么诠释的："纲纪法律，指要求人们遵守业已确立了的秩序、执行命令和力行自己职责的一种行为规则。"对一个组织来说，纪律就像规章制度一样，都是约束行为的范畴，但是对管理者则有着更深一层的意义。纪律是管理者个人本身的管理品格。组织的运作需要有明确的规章制度作为团队行事的规范，但是要让规章制度发挥效用，就需要管理者具有以身作则、落实纪律的精神，一位缺少纪律性的管理者是无法有效地领导团队的。对一个单位、一个组织，或者整个国家、整个社会来说，纪律都是非常重要的。一所学校如果想要拥有良好的校风和教学环境，就必须需要严格的纪律做保证。一个企业想要正常进行自己的生产，也只能靠严明的纪律、严格的管理来保证，纪律是企业经营和发展的基本前提。而对于个人来说，只有长期的在这些纪律中生产，才能养成良好的适应制度的习惯，因此纪律也是使人更好地适应制度的保证。淝水之战是我国历史上著名的以少胜多、以弱胜强的战例。公元383年，东晋谢晋、谢玄统率的八万军队在淝水以南与秦王苻坚在淝水北岸的百万屯兵相互对阵。有一天，秦王苻坚和阳平公苻融登上寿阳城，向远方眺望，对面晋军布阵严整的雄伟气势使他们产生了错觉，以至于他们望着八公山都觉得连山上的草木都是晋军了，其实谢晋、谢玄率领的水陆两军共计仅有八万人，要远远低于秦王苻坚军队的数量，但谢晋、谢玄的军队训练有素、纪律严明，因而看上去草木皆类人形，使秦王苻坚心生疑惧。他对苻融说："这是一支劲旅，是谁说他们弱啊！"这就是"草木皆兵"这个成语的来历。在这个故事中，晋军的纪律显示出了晋军威武的军容，这就在气势上首先压倒了对方，使对方在心理上先输了。谢晋、谢玄派来使节，要求移阵决战。苻坚听到之后想如果我们引兵后退，等到他们渡向河中央的时候，用铁骑紧逼，这样岂不是更容易消灭对方！作为一条计策，苻坚的想法是可以的。《孙子兵法》上就有这么一说："客绝水而来，勿迎之于水内，令半济而击之，利。"意思是说，当敌人渡水而来的时候，不要在水中迎战，让要等到他渡到一半时再来打击他们，这时才是最有利的。而对于苻坚的百万秦军来说，最大的问题出在军队纪律涣散，一退便自乱阵脚，一发而不可收拾。而晋军则一鼓作气，乘势飞渡，齐集岸上，锐不可当。而且在两方对阵的危急关头，秦军中的内奸跳了出来大呼："秦兵败矣！"以此扰乱军心，而秦军战士听到这句话立刻军心动摇，大家各自逃命。苻融急急骑马上前阻止退军，但以他的力量又怎么能抵挡得了势如破竹的晋军呢？在潮水般的乱兵冲击下，他的坐骑倒地，被晋兵所杀。就这样，苻坚带领的百万大军彻底败溃，兵败如山倒，一切都无可挽回了。细想秦军的惨败过程，可以发现最主要的原因是秦军的纪律涣散和晋军的纪律严明。

《三国演义》里有这么一个故事，诸葛亮病死在五丈原时，姜维依照其遗令，徐徐退兵。司马懿听说诸葛亮已死，觉得蜀军现在正群龙无首，极易被击垮，于是就前往追赶，然而在追逐过程中，竟被四轮木车上的假孔明吓退，上了大当。等到司马懿缓过神来，确信孔明已死，又引兵去追，可是此时蜀兵早已退得无影无踪了。司马懿路过孔明安营扎寨之处时发现，蜀军扎寨处的前后左右都整整有法，于是感叹道："此天下奇才也！"这就是著名的"死诸葛吓走生仲达"这句俗语的来历。由于蜀兵平时训练有素，纪律严明，退军仍严整有序，好像仍有孔明在指挥一样，所以司马懿不敢轻举妄动。假如蜀军就像当年苻坚的军队那样，一退就自乱阵脚，那么蜀军的下场也不会比秦军好到哪里去。可见，纪律是衡量一支军队素质的主要标志，也是决定战争胜负的重要因素。而对于一个集体组织来说，良好的纪律可以使集体组织发生质的飞跃。

恩格斯在《反杜林论》中说要"为量转变为质找一个证人"，他笔下的这个证人就是拿破仑。拿破仑曾经描写过有纪律但骑术不精的法国骑兵和当时没有纪律但最善于单个格斗的骑兵——马木留克兵之间的战斗，拿破仑是这样描写这个战斗的："两个马木留克兵绝对能打赢三个法国兵；一百个法国兵与一百个马木留克兵势均力敌；三百个法国兵大都能战胜三百个马木留克兵；而一千个法国兵则总能打败一千五百个马木留克兵。"马木留克人原本是东方埃及部落的少数民族，他们自小从格鲁吉亚、高加索等地被人买来。这个民族因为生长环境的缘故，造就了他们精于骑术的特点，当时在埃及的部队里竟有一万两千名马木留克骑士，而这个比例竟占马木留克人的24%。而法国人却是欧洲最不善骑的民族，就连拿破仑本人也是一个不高明的骑手，比起马木留克人的骑兵和马匹，他的骑兵和马匹质量也很一般。但是就是这个不善骑术的法国部队却战胜了马木留克人。能取得这样的胜利，拿破仑的高明之处就在于他对骑兵战术做了重大的改革。他认为骑兵的全部力量集中表现在冲锋上，所以在逐渐加速的冲锋中，如果还能保持军队严整的密集队形和协调一致，那么在与敌军遭遇时，这个军队的整体战斗力将是锐不可当的。拿破仑统领的骑兵都经过正规训练，富有纪律性，在骑兵作战中，他们按照要求始终注意保持整体队形，在战场上犹如一泻千里的洪流。而非正规的马木留克骑兵，虽然在骑术和刀法上占着绝对优势，在单兵作战或者小股作战中更是占有绝对优势。但是他们队形散乱，不协调，没有严整的阵列，缺乏纪律素养，所以在面对拿破仑的军队时，便抵挡不住对方的冲击波，整体上退居劣势。

没有纪律，军队就无法取得胜利，而相对于企业来说，如果缺失纪律性，那么企业就如同丧失了活力，无法获得生产力。只有严格的纪律才能使企业的各项规章制度的贯彻得到好的保障，才能使他们的职员更好地去适应制度。没有纪律，就不会有好的制度，没有纪律，尽管有好的制度，那么制度也不能被好好贯彻，组织也就无法取得成功，只有纪律才能使人更好地适应制度，因此，对企业中的每一个人来说，遵守纪律是最基本的要求，也是工作的底线。遵守纪律是做好工作的基础。在日趋激烈的市场竞争中，一个团队，一个企业，要想成为攻无不克，战无不胜的集体，企业的每个成员都必须严格遵守纪律，谁也不能凌驾于纪律之上。

04

享受纪律，健全人格
——纪律能够治疗人性的缺陷

对于一个军队来说，需要严格的纪律来严肃整个军队的军容，提高军队的整体战斗力；对于企业来说，也需要依靠纪律的力量维系企业的发展；对于每一个立足社会的人来说，同样也需要从小培养自己的纪律性，这样才能成为一个对社会有用的人。我们要学会享受纪律，自觉遵守纪律，从而来健全自己的人格。

所谓纪律，主要包含两个方面的意思：一方面，是由人的道德良知所自觉驾驭的心理行为的正确选择，使自己的言行举止符合学校纪律、工作场所的规章制度、劳动纪律、职业道德、社会公共秩序等；另一方面，遵纪守法是一个公民的责任和义务，所以，无论在家庭和社会上，应该自觉遵守法律法规，否则，就会违法犯罪，可能受到法律的制裁，这样看来，纪律其实就是社会运行的规则。没有规矩不成方圆，不能遵循社会规则的人，肯定不会被社会所接受，也不会取得学业和事业上的成功。一个人在没有束缚的情况下，可以胡作非为却不受到惩罚，而一旦有了纪律，我们要为自己的行为负责任，于是就会主动去改变自己各种各样的缺点，从而避免受到惩罚，长期以来，我们自身的缺陷就会被慢慢改变，这个社会的风气也会逐渐好起来。

古今中外有很多这样的例子。1951年，世界上最杰出的科学家西博格获得诺贝尔化学奖的，他小的时候家庭条件很不好，可他却是一个很有志气的孩子。俗话说"饥寒起盗心"，拮据的家境很有可能产生懒汉、无赖与罪犯，就像孔子说的那样：小人穷斯滥也。而不管一个人的生活条件多么贫苦，如果这个家庭的家长身上具有自尊、自爱、自立和自强等这些浩然正气，那么这个家庭教育出来的孩子从小就会学会穷而有志、穷而奋发、穷而刚正，这样的孩子在将来的学业和事业中成功的概率也比较大。出生在一个家徒四壁的家庭，西博图很不幸，但是西博格也很幸运，因为他的父母家人具备了使他脱颖而出的素质。由于家庭贫寒，西博格10岁才上小学，但他仅用了三年的时间就从小学毕业；为了克服经济上的困难，西博格一直从上小学到上大学期间，都坚持一边学习一边打工，他总是在打工之余，勤勤恳恳学习，学完再立刻出去打工。这样的锻炼，使西博格在28岁就和别人合作，发现了锝和钚两种新元素，而这两种元素是制造原子弹必不可少的，他的这个发现引起了世界性的轰动。此后，西博格和他的助手们经过潜心研究，共发现和提取出9种新的元素，他们对整个世界的贡献，真是怎么赞誉也不为过。西博格虽然出生在贫寒的家庭，但是他的父母在他小的时候就告诉他，不管做什么事情都要首先做到严于律己，只有严于律己才能去除自身的缺陷，才能把逆境是看成成才的"磨刀石"；才能经受磨炼和战胜逆境，才能经受得起生活对自己的考验。所谓"铁的纪律"其实是一种靠诚实劳动和社会规则走向成功的能力；在现代社会，也是指一种严格的团队精神，团队的核心人物往往拥有他们自身的人格魅力，这种人格魅力是在纪律的监督下慢慢培养出来的，这种人格魅力使他们在团队中具有表率作用，也是他们事业成功的先决条件。作为现代青少年，由于许多家庭物质生活优越，反而失去了某些锻炼纪律性的机会，这使很多人在毕业后踏入工作岗位的时候，表现出来很多让单位领导理解不了的不守纪律性。

人格，是人的第二生命。一个人要在世上生存，成就一番事业，必须有健全的人格。一个人的人格，是在青春期，这个走向成熟的时期逐步自我塑造而定型的。所以，怎样从一个幼稚的孩童，成为一位真正的合格公民，父母面对您的孩子，可真要好好地思考与行动啊！人格是人的心理特点的一种组织。这些稳定而异于他人的特质模式，给人的行为以一定的倾向性，它表现了一个由表及里的，包括身心在内的真实的个人——即人格。宁宁在学校里成绩优秀，是人人称赞的高才生；可他身体特别不好，瘦弱的身躯仿佛一阵风就会吹倒。为了这个从小体弱多病的儿子，宁宁的母亲对他照顾得无微不至：每天想着法子给他做各种各样可口的食物，甚至天天为他单独开小灶，为了保证他能按时按量吃饭，他的妈妈每天都把饭菜送到他的面前，看着他吃下去才离开。如此一来，宁宁吃惯了妈妈做的饭菜，一吃别人做的东西就会上吐下泻，这极大地限制了他的发展，因为他经常要出去参加各类考试，他总不能一直带着母亲给他做饭吧。参加军训时，宁宁身体太弱，只能请假；考高中大学时，他在选择学校时还要考虑学校是不是离家近以便母亲照顾他的生活。大学毕业后，宁宁开始工作了，却不可能总是有母亲照顾起居饮食，因此他也经常疾病缠身；亲朋好友建议他出国学习或工作，换换环境，也许能够好一些。凭学业和外语成绩，宁宁办出国手续并不困难。可是到了国外，他的老毛病又犯了，不断地生病，两次出国都没能完成学业。出国来回机票再加上医疗费，家里却已经被他弄得几乎倾家荡产了。宁宁今后前途莫测，谁能治好他的"恋家病"？如果他的父母从小就正确引导他，给他制定各种规则，让他慢慢锻炼身体，不那么娇惯他，那么他身上的这些娇气病根本就不会有。我们所说的"金的人格"，其重要的标志就是，是能够始终坚持不懈地学习和工作，真金不怕火炼。可用世界卫生组织所认定的心理健康的标准来加以概括：①智力正常；②心境良好，能控制自己的情绪；③有坚强的意志品质；④人际关系和谐；⑤能够能动地适应各种环境，主动地改造环境；⑥人格是健全和统一的；⑦心理发展与其年龄相符合。对于宁宁来说，成绩优秀当然是很多人来说是梦寐以求的，可是他的父母从小为他树立的标准导致了他身上各种毛病不断，从而限制了他的发展。

纪律是提高自身素质、达到自我完善的需要。人的素质表现为一种综合素质：一是思想素质，即人的思想觉悟和道德品质。它要求人们应该具有正确的世界观、人生观和价值观，具体表现为先进的社会理想、健康的人生追求。二是文化素质。即不但能识字断文，知书达理，而且具有开拓创新的智能。三是技术素质，也就是术业有专工。要有适应现代社会生产经营的专业知识，使作为可能生产力的文化，转化为现实生产力的技能。四是身体素质。既要有健康的体魄、充沛的精力，又要有应对各种困难甚至逆境的心理承受能力。这种综合素质的形成，取决于主观和客观两方面许许多多的因素。其中，纪律则是一个十分重要的因素。比如，假使没有对人们言行的规范，那么，思想道德的修养、文化知识的获取、技术专长的培养、身心健康的成长，则是十分困难的，甚至是不可能的。

纪律能够治疗人性的缺陷！如果遵循辩证唯物论的观点，不管一个人再普通，再平常，他身上也是有闪光点的，那么采取什么样的方式才能使每一个人身上的闪光点发挥出来呢？很重要的一个途径就是用严格的纪律来迫使每个人改变自身的不足和自身的懒散，使每个人用纪律规定等等这样的手段来剔除自身的缺点，这样长久以来，每个人才会慢慢养成遵纪的习惯，主动去接受纪律的监督，才能慢慢享受纪律。在当今的信息时代，企业的领导者应该认真反思自己的管理观念及方式，多多了解员工内心的真实世界，帮助员工成为一个人格健康的人。只有这样，他们才可以承受未来企业发展中的一切艰难困苦，因为一个人有坚强的人格做脊梁，就保证了他在企业工作中的勤奋和成功。

05

纪律，制度的枢纽
——在遵守纪律的前提下合理利用制度

兵书《三十六计》中的第二十六计叫作"指桑骂槐"，在《三十六计》中是这么说的："大凌小者，警以诱之。刚中而应，行险而顺"，这句话的意思是这样的：强大者要控制弱小者，要用警戒的办法去诱导他。在治军时，有时采取适当的强硬手段便会得到应和，行险则遇顺。统率不服从自己的部队去打仗，如果你调动不了他们，这时你想用金钱去利诱他们，反而会引起他们的怀疑。正确的方法是：你可以故意制造些错误，然后责备别人的过失，借此暗中警告那些不服自己指挥的人。这种警戒，是从反面去诱导他们，也就是用强硬而险诈的方法去迫使士兵服从。或者说，这就是调遣部将的方法。对待部下将士，必须恩威并重，刚柔相济。军纪不严，乌合之众，哪能取胜？如果只是一味地严厉，甚至近于残酷，也难做到让将士们心服。所以关心将士、体贴将士，使将士们心中感激敬佩，这才算得上是称职的指挥官。《孙子兵法》中对此早有名训："约束不明，申令不熟，将之罪也。"这就是强调治军要严。

春秋时期，吴王阖闾看了大军事家孙武的著作《孙子兵法》，非常佩服，立即召见孙武。吴王说："你的兵法，真是精妙绝伦。你能不能当面给我演示一下，让我开开眼界呢？"孙武说："这个不难。您可以随便找些人来，我马上操练给您看看。"吴王一听，好生好奇。随便找些人来就可操练？吴王存心为难一下孙武，说道："我的后宫里美女多得很，先生能不能让她们来操练操练？"孙武一笑说："行呀！任何人都可以操练。"于是，吴王从后宫叫来180名美女。众美女一到校军场上，只见旌旗招展，战鼓排列，煞是好看。她们嘻嘻哈哈，东瞅西瞧，漫不经心。孙武下令180名美女编成两队，并命令吴王的两个爱姬作为队长。两个爱姬哪里做过带兵的官儿，只是觉得好笑好玩。好不容易，才把稀稀拉拉、叫叫嚷嚷的美女们排成两列。孙武十分耐心地、认真细致地对这些美女们讲解操练要领。交代完毕，命令在校军场上摆下刑具。然后威严地说："练兵可不是儿戏！你们一定要听从命令，不得马马虎虎，嬉笑打闹，如果谁违犯军令，一律按军法处理！"美女们以为大家是来做游戏的，不想碰见这么个一脸正经的人！这时，孙武命令擂起战鼓，开始操练。孙武发令："全体向右转！"美女们一个也没有动，反而轰然大笑。孙武并不生气，说道："将军没有把动作要领交代清楚，这是我的错！"于是他又一次详细讲述了动作要领，并问道："大家听明白了没有？"众美女齐声回答："听明白了！"鼓声再起，孙武发令："全体向左转。"美女们还是一个未动，笑得比上次更加厉害了。吴王见此情景，也觉得有趣，心想：你孙武再大的本领，也无法让这些美女们听你的调动。

孙武沉下脸来，说道："动作要领没有交代清楚，是将军的过错；交代清楚了，而士兵不服从命令，就是士兵的过错了。按军法，违犯军令者斩，队长带队不力，应先受罚。来人，将两个队长推出斩首。"吴王一听，慌了手脚，急忙派人对孙武说："将军确实善于用兵，军令严明，吴王十分佩服。这次，请放过寡人的两个爱姬。"孙武回答道："将在外，君令有所不受。吴王既然要我演习兵阵，我一定要按军法规定操练。"于是，孙武命人将两名爱姬斩首示众，吓得众美女魂飞魄散。孙武命令继续操练。他命令排头两名美女继任队长。全场鸦雀无声。鼓声第三次响起，美女队伍操练时，整整齐齐、中规中矩，无一人嘻嘻哈哈，执行力大大提高。后来孙子对吴王总结说："这支队伍，即使赴汤蹈火也不在话下。"通过孙武练兵，可以看出纪律对军队、对企业的重要性。

要培养一支能征善战的队伍，首先就要从军队的纪律抓起，以法治军、以规治军才能提高部队的战斗力。严格的纪律，有法必依，令出必行，不仅是将帅的性格，也应是企业员工必备的素质。是否遵守纪律反映了员工素质的高低，高素质的员工必然严格遵守纪律。企业的发展需要有知识、有能力的人才，而能不能较好地遵守纪律，则是爱岗敬业、无私奉献的关键。

作为公司制度纽带的纪律在现代企业的发展中占有重要地位。每一个正规的公司都会有完善的公司制度，这是维系一个公司正常运转的纽带。如果公司没有严格的制度就会使公司处于松散状态，长此以往，公司会逐渐衰败下去。试想，公司的员工如果想来就来，想走就走，把公司当成旅馆，这样的公司还有前途吗？而且这对员工本身也无任何好处。常言道，党有党纪，国有国法，公司有公司的制度。遵守公司制度，就是遵守公司纪律。假如不守纪律，那就会乱套，就会不稳定，就会环境乱、人心乱。正是有纪律的约束，才会使公司团结得紧密、配合得默契，工作高质量、运转高效率。

在遵守纪律的前提下合理利用制度，才能使企业更具发展潜力。英国克莱尔公司在新员工培训中，总是先介绍本公司的纪律，首席培训师加培利总是这样说："纪律就是高压线，它高高地悬在那里。只要你稍微注意一下，或者不是故意去碰它的话，那么你就是一个遵守纪律的人。看，遵守纪律就是这么简单。"八路军为什么能打胜仗，就是在于有严格的纪律和规章制度做保障。因为军队有严明的纪律，所以才得到了普通劳动人民大众的拥护和支持。正因为军队纪律严明。所以才能战无不胜、攻无不克。同样在企业中，如果没有了纪律，企业的各项制度就形同废纸！企业无论大小，都要借助其制度来促使员工们拧成一股绳，从而具有竞争力。

在人性化管理大行其道的今天，大力推行制度化并不是不合时宜。制度化管理是企业管理的必经阶段，要想建立一种人性化的管理模式，必望须要以良好的制度为基础。起步于改革开放以后的众多中国企业，尚处于企业发展的初级阶段。在此阶段，管理方式可能是落后的，如任人唯亲，管理不严、不科学是中国许多企业的现状。也就是在这一阶段，四川长虹、深圳华为等许多著名的中国制造企业都不约而同地选择了半军事化管理的方式，更说明规范是何等重要！

06

有结果才是有能力
——遵守纪律能最大地发挥人的价值

有结果才是有能力！每一个优秀的员工都会通过优秀的成果来展示自己的价值，而遵守纪律才能保证每一个员工顺利地实现自己的人生目标，遵守纪律才能最大地发挥人的价值。

现在是市场经济，企业和个人都以创造价值为奋斗目标，没有创造相应价值的一切言行都是浪费。一切的美好愿望和计划都是靠实际工作日积月累而建立的，现实中许多事情我们只要认真去做就肯定都能做好，但是就有许多人不去做或只是顺便敷衍了事，在领导看来无论你不想干还是干不好这都证明你的能力有问题。而当领导对我们的能力产生质疑之时，我们就无法接受这种"偏见"，认为领导不理解和支持自己，于是抱怨就产生了。其实这差距源于各自的思维方式的差异。对于企业领导而言，他们看重的是事情的结果，就是不论什么原因只要你将工作做好就是能力的体现，他们总是认为你干多少活我就给你多少工资；然而企业员工却不这么想，他们总是以自己的短期收入作为衡量自我发挥的标准，他们不会关注企业的长远发展，或者他们根本就没有考虑过在一个企业干多少年，而是哪里有好的机会我就往哪里跑，他们总是认为企业的发展好坏与他们的关系不大，即使你发展再好他们也不会有太大的"好处"，同样即使你的企业垮了，他们也不会有太大的损失，他们总是认为你给我发多少工资我就干多少活。这样矛盾就产生了，一个是你不将工作干好我就不给你加工资，一个就是你不加工资我就不给你干好，到了后来老板在埋怨员工，同样员工在埋怨老板。其实，能力是靠结果来检验的。我们是这样，老板也是这样！职场中辞退员工是经常见到的事情，有些人已经是处变不惊。但有一个道理我们必须清楚：公司作为一个经营实体，必须靠利润去维持发展，而要发展，便需要公司中的每个员工都贡献自己的力量和才智。公司是员工努力证明自己业绩的战场，证明自己的唯一法则就是业绩。无论何时何地，如果你没有做出业绩，你迟早是一枚被弃用的棋子。

通常来说，一个成功老板的背后必定有一群能力卓越、业绩突出的员工。老板心中分数很高的职员，也一定是那些业绩斐然的员工，当然，他们将获得丰厚的奖赏，而业绩差的员工则随时会有被老板解雇的可能。业绩对员工和公司的重要性不言而喻，企业要蒸蒸日上，需靠好业绩，员工实现卓越也需要好业绩，没有业绩一切都免谈。一个员工每天辛苦工作，如果没有业绩，公司不赚钱，拿什么给员工发工资。作为一名员工，无论你曾经付出多少心血，做了多大努力，也不管你学历有多高，工作年限有多长，人品是如何的高尚，只要你拿不出业绩，那么老板就会觉得付给你薪水是在浪费金钱，你的结局也就不言自明。

现实就是如此，千万不要因此而责怪老板和企业薄情寡义。一个员工，必须要把努力创造业绩，为老板和企业谋利当作神圣的天职、光荣的使命。非如此，便纵有千般好，万般优，归根结底还是等于零，因为，业绩才是硬道理，市场经济下，公司要想获得很好的生存和发展，必须创造价值，而公司价值的获得靠的就是员工的业绩。一个为公司着想的员工，应千方百计地想着如何为公司创造价值，而要做到这一点，关键的就是拿业绩说话。高绩效是好员工的显著标志，没有绩效，再聪明的员工也会被淘汰出企业。对于一名员工来说，出色的业绩是靠埋头苦干干出来的，绝不是口头上说说就能得到的。要吃櫻桃先栽树，要想收获先付出。出色的业绩需要人们在工作的每一个阶段都找出更有效率、更经济的方法。在工作的每一个层面，找到提升自己工作业绩的有效途径才是最重要的。

对于企业来说，要在平时的生活和工作中培养员工对待纪律的严肃态度，这样才能促进员工业绩上的发展。现代企业在其发展过程中，内部依然有很多职工由于对纪律的重要性和必要性缺乏深刻的认识，往往认为："违反一下纪律无所谓，那是小事一桩。"甚至认为"敢违反纪律的职工胆子大"，"犯了纪律被领导发现受到批评，那是'笨，是做得不巧妙，不隐蔽'"，所有这些认识都是错误的。还有个别职工由于无视纪律，不懂法制，一味地放纵自己，毫无节制，养成了许多坏习惯，与社会上一些不三不四的人交往，甚至同流合污干出坏事，犯了严重错误，触犯了法律，尔后才感到自己是个"法盲"，追悔莫及。对遵守法纪是否具有严肃的态度，直接体现出一个人的道德水平。当一个人违反纪律的时候，必然会影响到他人，损害集体的利益，就必然要受到集体舆论的谴责，这样的员工连自己的事情都处理不好，就更别说给公司带来利益了。因此，企业在发展中，不能忽视对每一个员工热爱集体情感的培养，不能忽视教育他们要自觉遵守、主动执行企业的各项规章制度和要求，而且要积极维护集体纪律，以遵纪为荣，违纪为耻。

07
让守纪律的人香起来
——遵守纪律，成全美好人生

　　纪律是宇宙运行的基础。人类能够站在地球上，看着日没月升、银河璀璨；感悟着春夏秋冬、草长莺飞；品尝着美酒佳肴；享受着阳光雨露。都是因为整个宇宙遵循着一定的规律，从而使星系之间各成体系、大小恒星释放能量、行星自转公转并行不悖……，也使人类得以诞生、进化并拥有今天的美丽生活。唯有纪律，宇宙才能正常运行、不出乱子。也只有纪律才能使人在发展中恪守行为准则，从而更好地实现自己的梦想。

　　古往今来，虽然社会时有动荡、纷争和战乱，但是人类文明始终是向着更加先进、更加绚丽的方向前进。虽然人类文明几经波折，但我们现在生活的时代始终是有史以来最辉煌的时代。人类之所以能取得如此伟大的成就，说到底是因为任何社会和族群必然都遵循着一定的纪律，以从事生活、生产、奖励、惩罚、谈判、战争等活动。古代社会有着君臣、父子、夫妻、兄弟、朋友之间的纲理伦常，现代社会有着宪法、刑法、民法、经济法、劳动法等一系列的法律结构。唯有纪律，社会才能长久存在并且不断发展。

　　我们可以想象，一旦世间没有了纪律，后果会有多么严重。如果恒星不再发光，那么地球将永远冰藏；如果地球不再公转，那么四季将不再轮回；如果国际之间没了仲裁制度，那么世界大战每天都会发生；如果社会没了刑法，那么犯罪分子将肆无忌惮；如果父子没了纲理，儿子幼时何人来教？父亲老时何人来养？似乎纪律在束缚我们的手脚，但如果没有纪律，一切都会毁灭。

我们需要遵守的纪律分为两种：一种为外部纪律，一种为自我纪律。对普通人来说，外部纪律就是所在国家的法律法规、所在行业的条例、所在团体的章程等；自我纪律是指自己给自己制定的对待工作的基本态度和方法、对待家人朋友的处事原则以及对待自己的要求等。对投资者来说，外部纪律是政府、交易所、财政部等制定的法律法规和交易规则，证券公司、期货公司、银行、基金公司等中介机构制定的风险条例等；自我纪律是指根据自己的实际情况，给自己制定的交易纪律和交易系统。一个人如果不遵守外部纪律，那就是投机或犯罪，可能会风光一时，但最终必然会受到惩罚。

遵守外部纪律是必须的，那是一个人的行为处事保持正确和不触犯法律、不被社会暴力机构惩罚的首要前提。不遵守外部纪律的人，可能对自己是有利的，但对他人和社会一定会造成危害，正所谓天网恢恢、疏而不漏，国家法律自然会去惩罚他。一个人如果不遵守自我纪律，那就是自我放纵和自我损害，可能会有一时的快乐或利益，但长久而言却会放纵自己的欲望、宽容自己的缺点，会严重阻碍自我提高和自我完善，最终也必然会使自我和家人受到损害。遵守自我纪律是必要的，那是一个人实现自我增值、自我升华的基础。遵守自我纪律实际上是为了放大自身的能量、减少自我的错误，同时也能更好地服从不得不服从的外部纪律，从而能够在保持正确的前提下完善自我、提升自我。虽然不遵守自我纪律不会犯罪，但如果不遵守自我纪律，则做任何事情都会随心所欲、没有章法，原本是不想被任何事情羁绊，最终反而是掌控不了任何事情。

很多人不去遵守纪律，核心目的就是想要获得暴利。但是暴利不是那么容易得到的，不遵守纪律的直接结果往往是损失惨重。比如，在一位期货投资者的自我纪律中，规定每次下单只用20％的仓位，在严格止损、止赢的情况下，他取得了不错的收益，但他在一次交易中由于过分自信而投入了100%的仓位，结果由于判断失误、做错方向，一次就亏掉了之前2个月积累的利润。

即使通过不遵守纪律侥幸得到了暴利，这个暴利也是极不稳定的，是会随时消失或是被剥夺的。比如，上投摩根公募基金"成长先锋"基金经理唐建，在担任基金经理助理及基金经理期间，以其父亲和第三人账户，先于基金建仓前便买入新疆众和，总共获利约150万元，实际上唐建是在利用职务之便搞"老鼠仓"，违反了证券法规。被人举报后，上投摩根免去其担任的"成长先锋"基金经理及其他一切职务，并予以辞退。而证监会更是取消唐建的基金从业资格，没收其违法所得并处以罚款50万元，并对唐建实行终身市场禁入。

所以说不遵守纪律，只可能得到一时的利益，最终的损失或惩罚是相当严重的。要想获得稳定盈利，必然需要严格而又坚持地遵守纪律。或许在严格遵守纪律的情况下，每交易三次只对一次，但是只要在纪律的严格限制下，损失是可以得到控制的、收益也是会取得的。只要损失可控，就不会大亏，不大亏就会有大赚的机会。或许严格遵守纪律短期内不能获得暴利，但是长期而言却能获得稳定盈利。在严格遵守纪律的情况下，一年可能只有30%~50%的收益率，但是如果30%的收益率能够稳定地保持10年，10万本金就能达到137.86万；如果50%的收益率能够保持10年，10万本金更可以达到576.67万。想要稳定赢利就要严格遵守纪律。

股场上如此，职场上更是如此，那些遵守纪律的人才能真正地香起来。一个人要想在职场上能够获得发展，获得成功，永远立于不败的地位，唯有遵守纪律，老板永远喜欢听话遵守纪律、干事且有头脑的人。

第五章

有责任心
才能遵守纪律

01
责任纪律无处不在
——维护纪律是每个人的责任

责任是指对自己义务的知觉，以及自觉履行义务的一种态度或意愿。从本质上说，责任其实是一种与生俱来的使命，它是伴随着每一个生命的开始而开始，伴随着每一个生命的结束而终结。在现实中，只有那些能够勇于承担责任的人，才有可能被赋予更多的使命，才有资格获得更大的荣誉。如果一个人缺乏责任感或是不负责任，那么他会失去社会对他自己的基本认可，失去了别人对他自己的尊重与信任，同时也失去了他自身的立命之本——信誉和尊严。从这个角度来说，我们每一个人都需要责任。

我们来看看这样一则例子，在草丛里，一只母狮子正开心地给小狮子喂奶，而此时一个猎人正悄悄地走近它，当母狮子觉察到猎人的时候，猎人已经举起了长矛。为了救孩子，母狮子冲着猎人怒吼而去，发怒的狮子极其凶猛，把猎人吓傻了。如果是一般情况，狮子看到猎人拿着长矛早就跑得没影了；可这次的情况不一样，狮子没有被吓跑，而猎人由于狮子凶怒的样子早已掉头跑掉了。母狮子凭着自己的勇敢，救了自己的孩子。当危险临近时，狮子会有躲避危险的本能，这是肯定的。既然是这样，为什么在一刹那间，它没有选择逃跑反而选择了迎向危险？答案只有一种：因为它是母亲，它要保护自己孩子的安全，它要尽到母亲的责任。动物尚且如此，何况我们人类呢？道理是相同的，毕竟当我们坚守责任时，就是在坚守自己最根本的义务，就是为自己的成功增加了更强的动力。

　　一位外国客人刚下飞机拦了一辆出租车，当他跨上出租车的时候，车内的情况让他大吃一惊：出租车内铺着缀着鲜艳花边的羊毛毯；车窗上一尘不染；玻璃隔板上镶着名画的复制品……外国客人惊讶地问司机："我从没坐过这样漂亮的出租车。"司机笑着回答："谢谢你的夸奖。"外国客人又问："你们中国每一辆出租车都这么漂亮吗？"出租车司机笑了笑。外国客人又问："你是怎么想到要这么装饰你的出租车的？"这时司机告诉外国客人说："车是公司的，不是我的。我这么做一是出于对我工作的热爱，同时我也应该对我的公司和这辆出租车负责任。十年前，我在公司做清洁工，每天晚上看到回来的出租车都像垃圾堆一样：车厢地上堆满了烟蒂和垃圾，门把手上有一些黏稠的东西，座位上脏乱不堪。我当时就想，如果我是出租车司机，我一定会好好爱护公司给我的车，如果这些人对出租车多负一些责任，也就减轻了我们的负担，也为公司减轻了负担，如果每一辆出租车上都很干净，那么客人的心情就会好，公司的声誉自然就会好，经济价值也就出来了。后来我在公司做的时间久了，公司就安排我开出租车，等一领到了出租车牌照后，我就按自己的想法把车收拾成了这样。

　　每一位客人下车后，我都要检查一下，看看车内是否干净，即使是很晚了，我也会把出租车擦得干干净净再回去休息。"这位出租车司机的工作很是平常，但他却可以几十年如一日地坚持。无论我们从事什么工作，只要能认真、勇敢地担负起责任，我们所做的就有价值，我们就会获得他人的尊重和信赖。无论我们所要承担的责任是容易还是难，只要勇于承担工作中所须承担的责任，做到自己应该做的，怀着一颗充满责任感的心完成甚至更好、更出色地完成工作任务。即使职位再渺小、工作再平凡，我们一样可以活得出色。

　　在现在的职场中，责任和纪律无处不在，我们只有维护好纪律，行使好自己的职责，才能有一番成就。在职场中，时时处处都有责任要负，有纪律要遵守，哪怕工作再不起眼，职业再普通，这种纪律和责任都至始至终贯穿着工作的全过程。有一位年轻护士，第一次走进手术室担任责任护士。当手术做完，主刀医生开始缝合手术切口时，这位年轻的护士对外科大夫说："大夫，你取出了11块纱布，可我们用了12块。"外科大夫断言说："我已经都取出来了，现在就开始缝合伤口吧。"大家准备开始缝合的时候，年轻护士阻止说："不行！我们明明用了12块纱布，可现在只取出11块，还有一块肯定没有取出来。"大夫看到一个小小的护士竟然这样，就说："缝合！出了事情由我负责好了！"年轻护士看到这种情况，激烈地抗议说："你不能这样做，我们要为病人负责！"这位大夫微微一笑，举起他的手，让年轻护士看了看他手中的第12块纱布，然后称赞说："你是一位合格的护士。"这位年轻的护士就在这种考验下，被这家医院正式录用了。可是和这位年轻护士同时进到医院来在最后却没有被录用的护士还大有人在。如果他们也和这位年轻护士一样，责任意识强，工作认真，那么在医院中，有多少医疗事故可以避免，又可以为医院挽回多大的损失啊，医院是这样，在职场中也是这样。一家五金厂做指甲剪，做指甲剪时有一道生产工序即冲压很重要，要用具有几十吨压力的冲床把钢板压铸成产品的毛坯，再用冲床的压力把一些雕刻有产品品牌、型号的钢字模字样压在毛坯的表面。在这项工作中由于需要工人手工操作，所以危险性很高，稍有不注意就会冲压到手指，所以工人们在操作时都很谨慎。有一次，一台冲床坏了，需要更换一个螺帽，负责维修的师傅一时找不到同型号的新螺帽，于是把一个旧螺帽换了上去。没想到，就因为这颗小小的旧螺帽，却导致冲床打滑，那个操作工的两个手指头一下子被砸断了。工厂为此向这名员工赔偿了一大笔医药费，而那名工人也落下终身残疾。责任无处不在，责任无法逃避。如果那位师傅再负点责任，花点功夫找个合适的螺丝帽，那么这场悲剧就可以避免了。我们要用流淌在自己血液里的责任意识来严格要求自己，尽职尽责地做好工作。

02
让个性归顺纪律
——企业只需要纪律约束下的个性

每个人都会有自己的个性和特点，世界上没有两个任何一样的人。作为员工，为了一个共同的目标，走在了同一个公司，在一起朝夕相处，如果都无限地张扬自己的个性，无视纪律的存在，那么一切都会变得非常混乱。

时下是一个崇尚个性的时代，个性意味着在某些方面显得与众不同，人如果没有个性，生活会显得很没有意思。但是个性的张扬也要选择适当的场合。对刚刚开始工作的年轻人来讲，常常自觉不自觉地将自己的个性带进工作中。

但是成熟的员工更懂得将自己的个性臣服于纪律，就连极其崇尚个性的美国人也没有多少真正认为自己很独特的。因为玩个性游戏的人实际上缺乏的是一种职业精神，是变相地不承担自己对公司的责任。人们过度强调他们不受他人影响的独立性，这在工作中就会产生严重的问题。

在单位里，飞扬跋扈的人、搬弄是非的人、打小报告的人，爱出风头的人，往往都是被孤立的对象。放弃承担自己应该有的责任，或者蔑视自身的责任，这就等于在可以自由通行的路上自设路障，摔跤绊倒的也只能是自己。

个性虽然很耀眼、很"炫"，但是人生需要沉淀，只有在无人关注的时刻潜心积累，生命才会绽放得更加绚烂多彩。如果不顾忌任何因素，只是为了一味宣扬自己与众不同的"酷"，那么张扬的个性就会如同皮肤上的肉刺，使别人看了欲除之而后快。

童莹是个精明能干的女子，年纪轻轻便受到老板的重用，每次开会，老板都会问问童莹，对这个问题怎么看？童莹的风头如此之劲，公司里资格比她老、职级比她高的员工多多少少有些看不下去了。

童莹观念前卫，虽然结婚几年了，但打定主意不要孩子。这本来只是件私事，但却有好事者到老板那里吹风，说童莹官欲太强，为了往上爬，连孩子都不生了。这个说法一时间传遍了整个公司，童莹在一夜之间变成了"当官狂"。

此后，童莹发觉同事看她的眼神都怪怪的，和她说话也越来越少，一道无形的屏障隔在了她和同事之间。童莹很委屈，她并不是大家所想的那么功利呀，为什么大家看她都那么不屑？

其实，童莹并非是目中无人，只是做人做事一味高调，不善于适时隐藏自己的锋芒，让自己的个性归顺于纪律。在职场中锋芒太露，无限制地展示自己的个性，在工作中玩个性，动不动就耍小孩子脾气，根本不注意平衡周围人的心态，有这样的结果并不奇怪。

被同事孤立的滋味不好受，被孤立的原因也是五花八门，大部分时候，自身的一些缺点是导致被孤立的主要因素。所以，当你被孤立的时候，不妨反思一下自己，看是不是自己的个性跟纪律方面发生了冲突。

员工不守纪律，不仅会因此而给企业带来直接的损失，也会影响其他员工的工作热情和纪律意识，破坏整个企业的良好风气。个性在这个时候就会成为一颗定时炸弹，打破公司的平静。所以，不守纪律的员工就是"烂苹果"员工。对于企业来说，拥有那些"烂苹果"员工而不及时剔除的话，企业一定会被慢慢地腐蚀。

生活需要弯曲的艺术，这是人生的一门艺术，要用纪律来约束自己的个性；弯曲不是倒下和毁灭，做人做事需要一点弹性空间。一味地硬挺，你自己累，身边的人也累。公司只需要那种在纪律约束下的个性，只有这样，才可以让公司正常的运转。

03
无规矩不成方圆
——所有员工都有义务遵守纪律

俗话说："无规矩不成方圆"，不管在什么地方，都要在规矩下做事情，这样才能做好、做成事。规矩包括有两方面的意思："一曰营规，二曰家规。"营规就是"点名、演操、巡更、放哨"；家规就是"禁嫖赌、戒游惰、慎语言、敬尊长，此父兄教子弟之家规也"。这些规矩要以三纲五常为基本内容，而忠君事长则是其核心。第一教之以忠君，忠君必先敬畏官长，定这样的规矩的意义在于即使统帅不在，官兵也知道如何作战行事。

自古以来，凡成大事者，都特别讲究规矩，就拿清朝大臣曾国藩来说吧，他就是个极其讲究规矩的人。曾国藩治军严格，他所带出来的军队战斗力也强，曾国藩指出，治兵的根本就是要在军中立下规矩，而规矩不可更改更是曾国藩治军成功的关键。曾国藩为建立一支有战斗力的军队而为军队制定了许多规矩，这些规矩的最终目的，就是要把孔孟"仁""礼"思想贯穿士兵的头脑之中，把封建伦理观念同尊卑等级观念融合在一块，将军法、军规与家法、家规结合起来，用父子、兄弟、师生、朋友等亲谊关系强化调剂上下尊卑之间的关系，使士兵或下级易于尊敬官长、服从官长、维护官长，为官长出生入死、卖命捐躯，在所不惜。

《孟子》这部书里讲过这样一个故事：晋国的大臣赵简子有一次让他手下一位很有名气的驾车能手王良给他自己最宠信的家童驾车去打猎。王良完全按照过去的规矩去赶车，结果整整一天这位家童连一只禽兽也没打到。于是这位家童回来就向赵简子报告说："谁说王良是最优秀的驭手呢？照今天的情况看，他实在是一个最蹩脚的车夫。"后来有人把这话偷偷地告诉了王良，王良便去找这位家童，说是希望再为他驾一次车。这位家童开始不肯，经王良再三请求，最后才勉强答应。谁想结果这一次与上次大不相同，仅仅一个早晨就打到了好多猎物，家童很高兴，赶紧跑去又向赵简子汇报，说是："这回我明白了，王良确实是天下最好的车把式。"后来赵简子又让王良替这个家童赶车，王良却拒绝了，他对赵简子说："我替他按规矩驾驶车辆，这个人却射不到猎物，我不按规矩办，他却能打到禽兽，就说明他是个破坏规矩的小人。我不习惯给这样的人赶车，请允许我辞去这个差事。"其实王良是一个好驭手。他既能按规矩赶车，也能不按规矩赶车，但按照规矩驾车符合国家制度的大局利益，所以王良守规矩而不计小利，是值得提倡的。曾国藩的规矩就是要将士兵训练成合格的王良，驾驭着湘军这辆马车，沿着他所指引的道路前进。这才是曾国藩定规矩的目的所在，也是曾国藩治军的高明所在。

"无规矩不成方圆"，所有员工都有义务遵守纪律，只有遵守纪律的职员才有可能成为优秀的职员。麦先生是一家展会公司项目负责人，他在培训新人的时候讲述了这样一个故事：每一个公司在招到新职员的时候，总是要从基本的工作开始培训他们，让他们在慢慢适应的过程中了解并熟悉整个工作环节的流程。展会业的工作内容和流程筹备期比较长，工作内容也比较繁杂琐碎，如果想要成功一举办个项目，必须经历这些琐碎的过程，在这个漫长的准备阶段，展会公司需要做大量的诸如宣传、招商、租借、反复确认等等这样的工作，在此期间，需要工作人员不断地打电话给参展商确认一些细节问题。这份工作看似简单，但是对于整天握着听筒打电话的职工来说并不容易。特别是对公司的新职员来说，这项工作如果做得时间久了，会觉得乏味，因此有很多新人就因此而受不了，开始"捣糨糊"了。在刚开始的时候，让这些职员打电话推荐我们正在筹备的这个展会，问问对方有没有兴趣参展，这些职员打得很卖力，可是一个星期之后，他们中的很多人就开始偷懒了。如果在旁边偷偷观察他们，就可以发现到最后，凡没打通的或者暂时找不到负责人的电话，他们干脆就忽略不打了。在他们向主管部门汇报情况时他们会报告说这些单位不准备参加本次展会。这种做法是何等不负责任的工作态度！这样的工作态度又会让公司产生多少损失啊！这样的新人一开始太让人诧异，经过部门主管人员的暗示指点，他们的工作态度有所改观，但毕竟是因为有了"前科"而让部门领导放不下心，每次他们报告什么事情有问题或者无法完成，总会让部门领导有一种敷衍了事的嫌疑。其实，没有一个公司在引进人员的时候喜欢用这种工作态度的员工。每个公司在引进新人的时候，会用各种方法来考验他们，如果他们连自己分内的工作都做不好的话，更不会主动承担别的责任了。

肯德基在打入中国之前，公司派一位执行董事来中国考察市场。这位执行董事来到北京街头，看到川流不息的人流，穿着都不很讲究，就向总公司报告说：炸鸡在中国有消费者，但尤大利可图，他们的消费水平低，尽管有很多人想吃，但不会舍得掏钱买。这位执行董事只是看到了北京街头川流不息的人穿着不讲究，就料定中国消费水平低，就料定肯德基在中国的市场打不开，由于他没有主动进行相关信息的收集整理，仅凭直观感觉经验做出预测，被总公司以不称职为由降职处分。在处分完这位执行董事的同时，公司接着又派了另一位执行董事前来中国进行考察。这位先生在北京的几条街道上用秒表测出行人流量，然后请了500位不同年龄、不同职业的人品尝炸鸡的样品，并详细询问他们对炸鸡的味道、价格、店堂设计等方面的意见。他还对北京的鸡源、油、面、盐、菜及鸡饲料行业进行了详细的调查，并经过总体分析，得出结论：肯德基打入北京市场，每只鸡虽然是微利，但消费群巨大，仍能赢大利。

公司听完他的报告之后又进行了考察，然后决定在北京开一家肯德基，先试试市场。结果，北京的肯德基正如第二位考察人员所预测的那样，虽然利润小，但是由于消费群体大，为公司带来了巨大利润。如果第一个考察人员也能像第二位那样认真负责，那么就可以不被公司免职，公司也不用浪费那么多时间才在中国打开市场。

04

自觉性是遵守纪律的"支点"
——地震，震不垮的是日本纪律

北京时间2011年3月11日13点左右，日本东北地区宫城县北部发生里氏8.8级特大地震，东京有强烈震感……我们每一个人似乎都知道地震之于日本，就像是家常便饭；日本将对地震的恐惧感列为日本人"最害怕的4个东西"之首。日本特殊的地理环境，使日本的地震预报水平以及防灾救灾机制在全世界都是领先的。

不管在哪个国家在哪个时候发生大型地震，我们几乎每一个人都会觉得震后大街小巷破败一片，整个地震地区是一片废墟，毫无秩序可言，每个人都小心翼翼地警惕着周围的一切。但是日本的这次大地震之后，给全世界留下深刻的印象，我们也绝想象不到用井然有序这个形容词来形容这个受灾城市，震后日本宫城县北部无所不在的细节都能让你感受到日本的政府以及公共社会的文明和人性化。大地震后，几百人在广场避震，可在整个过程中无一人抽烟；所有男人帮着女人递毯子、热水、饼干，当人们散去之后广场的地面上没有一片垃圾；躲在各种避难所的人们为了确保中道畅通，都是坐在楼梯两侧，在大街上避难的行人也都井然有序地站在道路两侧尽量不阻碍交通；日本居民在政府的组织之下安静有序地寻找回家的路；东京的地铁广播中长一直播放着："因为地震，东京地铁为延误了您的列车服务而致歉"……日本政府的防灾工作做得好世人皆知，然而这次灾后的这般井然有序还是让人觉得印象深刻。

　　文明细节是一种习惯，日本国民的这种井然有序的素质是建立在他们严格遵守纪律之上的。在日本电台报道地震灾难时，有这么一个细节值得我们深省，那就是在整个报道过程中，记者绝对不采访任何救援队员，因为这样会影响救援进度，他们也不采访任何受害者家属，因为此时任何的采访都只会徒增这些受难家属的伤痛。日本5大电视网全线对这次地震进行报道，但我们却没有在电视上看到任何死者画面，偶尔有那种逃生群众要被水冲到的时候，镜头也会马上转开，一旦发现尸体，救援人员会用蓝色塑料布把尸体周围围起来，不让媒体拍到。媒体的这种自律，救援的这种规定，除了能在救援时提高效率之外，还让人觉得温暖。在震后日本的大街上，人们渴了，就只需在三得利公司免费供应的自动贩售机上按键即出饮料；饿了，就可以得到日本711免费提供的食品；累了，就可以到各大超市提供的避难帐篷里休息；需要打电话，就可以直接去打，因为政府设立的有公众免费电话；对于很多外国人，鉴于他们听不懂日语，日本NHK电视台轮流用日语、英语、中文、韩语等五个语种，发布有关最新震情和可能发生海啸的地区并教你怎么避难；为了方便人们上厕所，街上的一些下水道在震后马上开通变成了简易的厕所……日本震后的这些诸多细节都让你觉得其实地震并不可怕，只要大家在一起，灾难很快就会过去。

　　日本人的这种精神，这种秩序，这种自觉的自我约束能力，给我们许多启示。他们自觉地遵守规则，使国家利益得到了最大的实现。其实，作为社会主义的中国公民，我们更应该有这样的自觉的意识，作为社会主义国家的企业，也应该时时提醒自己的员工要向日本人学习，学习他们的先进，学习他们自觉地维护纪律。养成良好的习惯，是自觉遵守纪律的关键。习惯是经久养成、一时不易改变的行为或社会风尚。当人们刚刚接受某种行为规范时，总有一种不太适应、不很舒服甚至不自由的感受，就像刚穿一双尽管合脚的新鞋，总不如已经破损了的旧鞋舒适一样。但是，久而久之，由纪律所规范的行为不仅被人们所接受，并且为人们所喜爱。我们每个人往往都有这样或者那样"习惯成自然"的体验：如不爱吃辣椒的北方人，在湖南或四川长期生活后，也爱吃辣椒了，而不爱吃生大蒜的南方人，在河南或山东长期生活后，也爱吃生大蒜了。这就是一种生活习惯的改变与养成。同样的道理，有的人过去有睡懒觉的不良习惯，由于纪律的制约不能睡懒觉了。开始，他可能很不习惯。但是，当按时起床成为习惯后，他反而觉得睡懒觉不舒服、不适应了。由此可见，旧的不良习惯是可以改变的，新的良好习惯也是可以养成的。并且在有的时候，习惯往往是自觉性的关键。日本地震后，他们的公民所表现出来的素养也正是这种习惯的体现。其次，"慎独"是自觉遵守纪律的最高境界。我们自觉遵守纪律，不是为了评先进、图表彰，不是做给别人看的，而是一种道德的自觉、行为的自然。有一些人虽然有时也能遵守纪律，却是"有条件"的。这"条件"便是在大庭广众的场合，在有他人所见所闻的环境，可以表现得很有纪律、很有修养、很有风范，因而得到人们的交口称赞。可是，一旦没有他人在场的时候，或者与一些不三不四的人在一块的时候，则又表现得粗俗不堪，甚至道德败坏，行为乖张。这说明了这些人遵守纪律尚未真正达到自觉的程度。

纪律在人们的社会生活中是个老话题，但是，在不同的历史时期有不同的内涵。在我国的改革时期，对新中国所制定、所提倡的许多纪律，既有继承也有所发展。首先，我们必须跟上时代的步伐，确立正确的观念，采取有效的措施，把自己培养成有理想、有道德、有文化、有纪律的一代社会主义新人。而作为企业或者公司的员工，我们也要培训自己的这种纪律性，同时公司或者职业也要加大舆论监督的强制性，来增强人们的是非观念，增强职员对公司的责任感，教育他们要敢于"管闲事"，不怕"惹火烧身"，从而破除明哲保身、"各人自扫门前雪，不管他人瓦上霜"的旧观念。其次，企业还要加大组织监督和自我监督的制约性。古人云：吾日三省吾身，这就是说每天对自己的行为不时的反省，以便随时修正错误。其实，这种监督方法有益于公司职员养成自觉遵守规章纪律，从而更好地为公司企业服务。

05

两个"鸡蛋"之间的距离就是自由

——欧美式管理

欧美式管理，给人的印象是比较自由、宽松的。

有一本讲解工作哲学的书叫作《玩》，在里面有这么一种说法：在美国，很多员工会在下午三四点钟高高兴兴地抱着球，跑到公司草坪上比赛踢球。美国员工在工作的时候去踢球，在工作的时间去玩耍，不是玩忽职守吗？其实，别看美国人玩得多，他们的工作效率其实是非常高的。玩，在某种程度上也是一种"战斗力"。一些去美国考察企业运行的中国管理者，为美国一些企业里的球场、咖啡馆等等极富人性化的设计所震惊——企业俨然是一个比家里还舒服的场所。那么，美国式管理这个娱乐化管理的典范，如何面对让办公室"沦陷"的炒股、玩游戏的事情，自然值得剖析。难道美国人真的只是玩？但意外的是，在《中外管理》与美国盈飞无限管理软件公司全球副总裁费尔先生的交流里，出现了这样的对话：

《中外管理》：美国企业对员工玩游戏之类的事情会不会管得松一些？

费尔：这可能是个错觉，美国大多数公司不会让员工上班的时候随心所欲，美国公司很讲究纪律性。

《中外管理》：如果美国员工用iPhone手机登录Facebook网站，或者炒股，怎么处理？

费尔：据我了解，有不少美国企业上班时间是不许带这些手机的！当然这也跟行业有关。经济危机的环境下，如果一个员工在办公室玩游戏或者炒股的话，那么老板可能会认为这个岗位多余。

《中外管理》：那为什么美国员工给人们的印象通常是自由、参与娱乐活动比较多的状态？

费尔：这是人们对美国企业的一个印象。但是这里有两个值得区分的词汇：一个是悠闲，一个是灵活。用灵活来衡量美国企业可能更妥当。而灵活和没有纪律是两码事！

事实上，人们非常自律，不会滥用公司给的自由空间。而美国公司以任务为中心的管理方式，让工作时间控制得更灵活。美国公司很有意思，比如在我们公司里，既有台球、高尔夫练习场地，又有任天堂电子游戏机，等等，但那只是让大家换换脑子，仅此而已。不会说你在电脑上玩游戏，却没有人看管。看来，美国公司里的娱乐、休闲设施是比较多，员工玩得也比较多，但那是以灵活的管理为基础的，而非真的放任。记者与其他美国公司的人交流中，得到的回应也基本是这样：美国人信奉契约文化，工作过程可以理解为在履行契约。对工作公私分明，许多事情公是公、私是私，员工很难容忍企业干扰到他的私人时间，但企业也很难容忍员工在工作时间做私事。为了工作而娱乐，还是为了娱乐而娱乐，这是个大问题。

中国的公司文化虽然与美国差异明显，但是，我们认为至少有两点是确实值得学习的。

1. "灵活和没有纪律是两码事"！办公室"沦陷"时代，企业需要的是一种更灵活，也更强调纪律的管理文化——给员工充足的私人空间，同时也实现着企业的整体利益。

2. 虽然中国的企业文化与美国不同，但是仍有必要倡导"公私分明"、逐步建立起更职业化的管理文化。否则，当企业不尊重员工私人时间时，怎么有底气和公信力去干涉员工让办公室"沦陷"的行为呢？这都是对"沦陷"企业的管理挑战。

其实在欧美式管理中，纪律和自由并不冲突。提起纪律和自由，总让人想起青年。青年人正处在朝气蓬勃的成长期，就像嫩芽破土而出一样，要冲破种种束缚。"自由"这个极富吸引力的美好名词，成为青年人热切向往和孜孜以求的目标。对于青年来说是这样，对于公司职员来说，他们更是以为纪律是以与自由对立的面貌出现：条条框框、繁文缛节、压抑个性、束缚手足，一不小心违反纪律，还要受到公司批评、纪律处分或者降职处理。

古希腊哲学家毕达哥拉斯曾说过这样一句话：我们不能称缺乏自制的人为自由的人。享受自由固然是每个人的权利，但失去纪律约束的"自由"，不是真正的自由。在职场中，职员们要坚持"以遵纪守法为荣"，必须先从思想上辨识自由与纪律的真正内涵。自由有两种含义：一种是哲学意义上的自由，是与必然相对而言的。必然就是规律，自由就是对规律的认识和遵循。拥有自由的人不再是"必然的盲目奴隶"，而能利用已认识了的规律来推动自身的生存与发展。另一种是社会学意义上的。相对于纪律、法律而言，自由就是在社会生活中受到保障或得到认可，按照自己的意志活动，如人身自由、言论自由等。获得自由意味着人的价值、尊严得到保障并得以实现。那种认为自由就是"爱怎么想就怎么想，想怎么说就怎么说，愿怎么做就怎么做，不受任何规范、不加任何限制"的想法，从理论和实践上都是不符合逻辑的。

苏联教育家马卡连柯说："纪律是自由。"乍一听，似乎不太好理解，纪律怎么就是自由呢？其实这里指的是纪律本身也意味着自由，包含着自由。自由，是需要通过纪律来实现的。如果一个人的欲望和需要不加限制，其行动必然妨碍别人的自由。在公共场所，实现了抽烟、高声打电话的自由，同时也就牺牲了其他人健康生活的自由；实现了不遵守交通规则、随意停放车辆的自由，就剥夺了其他人享受安全便捷的自由。如果每个人都以个人的自由为中心，最后的结果将是每个人的自由都被损害。

纪律，就是为了调解人与人之间这种关系，形成一定的共同规则，把群体内每个成员的行为约束在一定限度内，从而保障个人的自由不受他人侵犯。所以，对自由和权利研究颇深的法国启蒙思想家孟德斯鸠和英国的洛克做出过同样的评论："自由是做法律所许可的一切事情的权利""哪里没有法纪，哪里就没有自由。"法纪没有弹性，待人一致，对事平等。但对法纪的"感觉"却是因人而异的。常常违反纪律、想要钻空子的人，时时感到纪律的"紧箍咒"在束缚他；而严于律己、遵规守纪的人，反而觉得环境宽松。这就是纪律的惩戒功能在起作用。现实生活更是如此，通过纪律寻找自由，就是在纪律的允许范围内自由起舞，在纪律的节拍调控下自由飞翔。没有范围，舞不成形；没有节拍，歌不成调。因此，遵纪守法，既是他人自由的保障，也是自身自由实现的前提。

06

责任心使遵守纪律成为习惯

——闻名于世的美国西点军校

闻名于世的美国西点军校被誉为西方名将的摇篮，在建校近两个世纪里，西点军校为美国培养出许多优秀的高级将领，例如，第一次世界大战时期的欧洲远征军司令潘兴，第二次世界大战时期的名将艾森豪威尔、巴顿、麦克阿瑟等等。在西点，所有的人都相信无论是对自己、对国家、对社会还是对民族，责任感在任何时候都不可或缺。西点军校一直流传着一位少校的名言："在我毕业那天，毕业典礼上的讲话人说，在我们600人当中，有20人将会成为将军。听毕，我便环顾四周，看看谁是另外的19人。"这句话听起来有点狂妄自大，但也从一个侧面反映了西点人的责任意识和"敢为天下先"的迫切愿望。西点总是以独特的方式和手段，创造一种成就氛围，形成一种"以天下为己任"的群体理念。如果研究西点的成功，这就是很重要的一点。培养良好的责任感和使命感，是西点军校给新学员上的第一堂课，也是最重要的一堂课。

西点坚信，没有责任感的军官不是合格的军官，没有责任感的经理不是合格的经理，没有责任感的公民不是好公民。司令官要为士兵树立榜样，要为下级的行动负责；士兵也要以同样的责任感和行动回报长官。这是做成任何一件事的基本条件。因此，西点在教育中，一刻也不放松对学员责任的教育。有位哲人说过，我们每个人都是一个圆心，它被许多同心圆所环绕。从我们自己的圆心出发，第一层圈出现了——这是由父母、妻子和孩子组成的圈；第二层圈是各种亲朋好友关系；然后，是自己所属族群的同胞关系；最后，是与整个人类这个种族的关系。这就要求我们做什么事情都要从自身做起，这才是对自己负责，才能对他人负责。西点学员章程规定：每个学员无论在什么时候，无论穿军装与否，无论是在西点内还是在西点外，也无论是担任警卫、宿舍值班员还是执勤军官等公务，都有义务、有责任履行自己的职责。而且要求任何人在履行职责时，其出发点都不应是为了获得奖赏或避免惩罚，而是出于发自内心的责任感。这个要求显然很高。什么是学员的责任呢？最基本的就是遵守和维护西点和陆军制定的各项规章，自己照章办事，不越矩而为，对于任何违反规章的人和事要按照规章的要求予以提示、劝诫或纠正。当然，责任的性质可能很宽泛，甚至没有明确的规定。既可以是学习的或军事的，也可以是生活的、社交的或伦理方面的，每个学员都要以责任意识正确对待，任何细小的事情都不可率性而为，不计后果。仅从行为的角度区分，学员就有近20项责任。如遵守纪律、维护纪律的责任；警惕色情、不进行性搔扰的责任；保持等级、不超越职权的责任；正当交往、不违规范的责任；参与全国大选、不违背效忠国家誓言的责任；参与公共事务、不作壁上观的责任；管好经营、不乱花钱的责任；享受优待、不滥施人的责任；等等，学员必须熟悉校方关于责任的规定，不管文字或口头的，都要认真对待。同时，对社会道德和伦理方面也要负起责任，至少要把扰乱秩序和破坏纪律的过错报告给上级。他们应当在过错正在发生或发生之后，尽快向军官和各级学员指挥官报告。知情不报，视为同错，只是在处罚上略轻而已。被告发有违纪行为的学员应以不动感情的、职业的方式承认错误，并接受随之而来的军纪处罚。被告发有违纪活动的学员，应客观说明自己的所作所为，并提供所有有关事实。当有理由认为还有其他人参与了违纪行为时，当事者应接受对其他学员的调查。从西点大量的有关学员犯错误的记载和处理的情况看，违纪人很少掩饰自己的过失，也不大强调客观理由，因为凡是违纪者都必然受到处罚，过程通常不是减轻处罚的理由。好在如果是一般的小错误，记不了多少分，而且每个学员都有允许犯错的宽容值，并可通过优异的成绩得到奖励分。在西点历史上，尚未发现哪个学员没有一点过失，像麦克阿瑟那样被认为接近"完美无缺"的学员，也有过失记录，只是不太严重。西点对学员方方面面的行为都做出了具体规范，都有明确的责任标准。不仅如此，还要求任何一项职责都应高于所有班级特殊待遇，都超越个人和团体利益。责任无处不在，西点每时每刻都要求学员做到尽职尽责。西点就是要让学员明白：无论遭遇什么样的环境，都必须学会对自己的一切行为负责。学员在校时只是年轻的军校学生，但是日后肩负的却是自己和其他人的生死存亡乃至整个国家的安全。如果学员们连基本的责任感都不具备，毕业后怎么担当起保家卫国的重任呢。

　　职责的范围是没有固定界限的。它存在于生命的每一个岗位。在我们的一生中，无论我们是富有还是贫困，是幸福还是不幸，我们都无法选择，但我们却能够选择去履行那些在我们身边无时无处不在的职责。不惜一切代价和甘冒一切风险地遵从职责的召唤，这是最高尚的文明生活的本质体现。无论是过去还是现在，伟大的事业都值得人们去为之奋斗，值得人们为之神往，为之奉献自己出生命。西点军校的校规，西点军校的成功也恰是从责任开始抓起，如果每一个人都能使自己的责任心变成一种习惯，那么就不用别人给我们定要求、定规矩，这样公司少了很多条条框框，我们自己也不会觉得有所压抑，从而更加开心地工作、学习、生活。

07

有责任心纪律将不再是负担
——遵守纪律就是拥有责任心

当一个人富有责任心的时候，他的使命感和义务感就会随之增强，进而影响力也会扩大，并最终做出有成就的事情来。一个有责任心的人，同时也会主动去遵守企业公司的纪律制度，而不会把纪律作为自己事业上的牵绊。

清朝同治年间，山西平遥城有家"昌盛祥"票号，东家叫陈大昌。这年秋天，陈大昌亲自到北京分号察看经营状况。北京分号的掌柜叫徐永青，见老东家前来，不敢怠慢，立刻将陈大昌安排在京城有名的"山水楼"居住。天子脚下，繁荣昌盛，就连"山水楼"里的床也是来自西洋的沙发床，着实令陈大昌感慨不已。陈大昌与徐永青名为雇主关系，实则情如兄弟，当晚两人共居一室，畅谈生意上的事，直到深夜才熄灯就寝。不知过了多久，陈大昌一觉醒来，发现徐永青还在辗转反侧，忍不住问："永青兄弟，哪儿不舒服吗？""嗯，床上好像有什么东西，硌得我睡不着觉。"徐永青答道。陈大昌一听，立刻披衣下床，掌灯和徐永青一起找，经过一番折腾，徐永青终于兴奋地说："太好了，找到了！"陈大昌定睛一看，捏在徐永青手里的竟是一根头发丝，顿时憋了一肚子气。找到头发丝之后，徐永青很快鼾声如雷。这回，轮到陈大昌失眠了。他心想，睡着这么好的床，竟然连一根头发丝都容不下，徐永青真是骄奢淫逸啊！自此，陈大昌开始对徐永青心存芥蒂，不久便找了个借口将他辞退了。出乎意料的是，徐永青走后，"昌盛祥"北京分号的生意一日不如一日，换了两任掌柜也无济于事，陈大昌这才开始后悔当初辞掉徐永青过于草率，想再次将他请回来。于是陈大昌轻车简从，来到徐永青的老家临汾乡下。徐永青不在家，家人说他到地里干活去了。陈大昌找到地头，惊讶地发现，徐永青枕着一块土疙瘩，身边放着一只泥茶壶，肚子上盖着一把芭蕉扇，正在呼呼大睡。陈大昌百思不得其解：当年床上有一根头发丝都无法入睡的人，现在竟然能如此睡在地上？陈大昌耐心地守在徐永青身旁，直到他睡醒，才将心中的疑问说出。徐永青听后哈哈大笑："那时您将万贯家财托付于我，我深感责任重大，唯恐出一点差错，因而寝食难安。可现在不同了，两亩地、一头牛，什么心思也没有，当然吃得香、睡得实啊。"陈大昌一听，羞愧难当，诚邀徐永青重回"昌盛祥"，委托他为二当家，将全部生意交由他打理。自此，"昌盛祥"的生意越发兴隆，分号遍及全国。

其实，我们每个人都有自己的责任，学生有学习的责任，员工有工作的责任，管理者有管理的责任。只有认真履行自己的责任，你才会成为一个受尊敬的人。因为一个有责任心的人，会竭尽所能完成自己的目标，创造出人意料的成就；而一个缺乏责任感的人，即使他是满腹经纶，也不会有大的作为。一个有责任心的人，时时处处考虑的是国家、企业和他人，那么他们自己会有遵守"游戏规则"的心态，他们不会为了自己的利益、不会为了保持自己的地位，或维护个人的私利，不择手段，不计后果从而损害企业利益。一个有责任心的人不需要别人的提醒，更不用上司的督促，对于公司的纪律规章完全以一种自动自发的态度去遵守，在工作中，他们不会偷奸耍滑，不会满脑子净想着如何做到光拿钱不干活或者少干活。他们不会把自己的责任推得一干二净，不会为了推卸责任，绞尽脑汁地找借口，想理由来为自己辩解。

08

干事才叫有才华

——遵守纪律要用敬业来表现

　　纪律是敬业的基础，一个人的才华也是通过敬业表现出来的。一个有纪律的团队必定是一个团结协作、富有战斗力和进取心的团队。同样，一个具有强烈纪律观念的员工也必定是一个积极主动、忠诚敬业的员工。纪律，永远是忠诚、敬业、创造力和团队精神的基础。对于企业来说，没有纪律，便没有了一切。

　　纪律的作用和重要性，比人们通常所想象的还要大。如果你的团队和员工都具有强烈的纪律意识，在任何时候都不妥协，不找借口，你会突然发现，工作因此会有一个崭新的局面。对于团队和员工而言，敬业、服从、协作等精神永远都比任何东西重要。但是这些品质都不是员工与生俱来的，而是在后天的工作中形成的。就像西点军校对他们职员的要求："纪律只有一种，这就是完善的纪律。"而一个员工又要怎样才能算是遵守纪律呢？其实说到底，还是要好好工作，通过敬业来实现。根据一项有关中国员工敬业度的调查显示，在调查的所有300名职员中，仅有8％的被调研者对他们目前的工作高度投入，准备并愿意积极努力、全身心地投入，以帮助他们目前的雇主实现其商业目标；25％的员工在工作期间非常散漫，67％左右的员工对于工作的态度是一般参与，基本处于紧张和散漫之间。敬业精神是个体以明确的目标选择、朴素的价值观、忘我投入的志趣、认真负责的态度，从事自己的主导活动时表现出的个人品质。对于所有人来说，敬业是一种奉献精神，这种精神是每一个人都应该做到的，而且是因为它是每个人都可以做到的，而且是每个员工必备的，每一个员工只有在平凡的工作中不断的积累并强化这种精神，那么伟大离这些人便不远。每个员工都需要遵守企业的各项规章制度，但遵守各项规章制度并不意味着就是敬业。一个员工如果敬业，通常都会表现出对自己工作尽心尽力、尽职尽责，但这只是敬业的表现，并不是敬业的实质。敬业的根本是不折不扣地遵守企业的各种规章制度。也就是说，如果一个员工的工作与整个企业的行为规范不符，或者是违背了企业的制度，就算是他把工作做得再好、再完美，他的表现有多出色，那么又有什么用呢？企业的各项规章制度保障的是企业生存与发展的根本利益，每一个企业的规章制度都是从企业本身的根本利益出发而制定的，这就像一个国家的法律法规是国家的根基一样，具有不可动摇的地位。作为企业或者公司的员工，遵纪只是达到了一个员工敬业的最标准起点。如果一个员工连公司的章程规定都不能遵守，那么他们连基本的合格都称不上，又怎么可能称得上是敬业呢？一个敬业的员工，他对自己的要求并不只是单单要完成自己手头的工作任务，他们考虑的还有整个企业、整个团队的整体利益。他们在做任何事情的时候，最终考虑的是企业的利益，所以他们做事前都会权衡轻重、利弊，尽可能地在规章制度之内行事，而不是为了工作去挑战企业制度的权威性。敬业的员工在长期的工作中，会形成对工作的独立思考与创造性，但这些都是在遵守企业制度的前提下而展开的，他们与那些缺乏团队精神和全局观念，只关注自己，而不管团队，只顾自己的个人英雄主义相比，更注重企业的合作精神。一个企业要想成功生存和发展，就必须依赖所有员工紧密合作的团队来实现企业的各种目标，而规章制度就是保障这种合作能得以顺利开展的基本条件。其实，遵纪从根本上来讲，是在维护整个团队的合作，而维护团队的合作也是敬业的要求。一个缺少敬业员工的企业是不可能持续健康发展的。越是敬业的员工，越明白企业制度的重要意义，因而更懂得遵纪的重要性。从这个意义上来讲，遵纪是敬业的根基，遵守纪律也要通过爱岗敬业表现出来。

遵纪是敬业的根基，而员工准确地为自己定位，努力为公司实现业绩上的提升，是遵纪的更深的含义。我们经常会称赞一个敬业爱岗的人，夸他们干一行爱一行。事实上，要做到干一行爱一行已经不容易了，如果要想干一行，还得精一行就更难了。每一个人的天赋不同，所擅长的也不同。比如有些人心思缜密，善于谋断；而有些人却动手能力强，擅长实践；有的人逻辑思维好，有的人则想象力丰富。不同的人，擅长的事情不同，这也就意味着，干一行爱一行，能取得的成就是不一样的。如果干的某一行，是自己最擅长的，显然要比自己不擅长的，更容易做到位，如果他们不能做自己最擅长的，还会把自己对工作的热情发挥到极致吗？对于一个敬业的员工来说，他们不但会干一行爱一行，努力把自己的工作做到最好，他们不会因为自身能力有限或者是自己对所做的工作不擅长而消极怠工，即使对某一项工作他已经达到了自己能力的极限，再无法取得突破，他也会不懈努力。如果一个工作本身还有更大的改善空间，而员工确实是尽力了，这样矛盾就产生了：如果从企业的长期利益来看，这名员工显然已经不再合适，可从员工的角度来看，他已经尽了最大的努力，来做好这项工作，不能不说他没有敬业。那这个问题需要如何解决？其实，对于一个爱岗敬业的员工来讲，自己适合不适合或者能不能做，能做到什么程度，只有他自己心里最清楚，如果他一旦发现自己不再适合做这项工作，他会根据工作岗位的实际要求主动把岗位让给别人，在其位而不谋其职的事情他们不会去做，这其实就是爱岗敬业、遵守规章制度的深层表现。

小陈在大学期间读的是财会专业，在本科毕业以后，他又继续深造，在毕业之后，小陈顺利地进了一家大公司，负责财务部门。在别人看来，小陈的工作是那么体面，工资那么高，也属于高级白领阶层，是令人羡慕的，可是小陈心中清楚这份工作对自己的压力有多大。一直以来小陈的兴趣不在财会而是计算机，虽然在父母的要求下，他把该拿的证书都拿到手了，但小陈却一直是身在曹营心在汉，读书期间，就"不务正业"地拼命钻研计算机方面的知识。与财会专业相比，他更精通计算机。但小陈刚进公司，不能对工作挑肥拣瘦，在公司，他也只能表现出对工作尽心尽职，从而希望有一天公司能给他一个从事计算机方面的业务。在公司，他竭尽全力去做好自己的本职工作，他的努力使公司的领导更加重视他，而随着公司业务的不断开展，一段时间过后，小陈觉得如果再继续坚守这个岗位，自己无法再做到更好了，这样虽然不会影响到公司，但对公司发展却不会再有任何帮助。小陈回家之后和父母商量，父母坚决不同意，小陈又经过一番考虑，终于不顾父母反对，主动找到公司老总，详细向公司领导做了汇报，要求调换部门。老总听后，既诧异又惊喜，他没有想到在自己的公司还有像小陈这样敬业的员工，为了公司的利益，居然可以主动让贤，牺牲自己的利益，放弃条件优越的岗位。老总感动之余，决定人尽其才，让小陈负责整个公司的计算机网络系统的开发工作。自从小陈负责计算机工作之后，小陈做起工作来如鱼得水，把工作开展得有声有色。技术部在他的带领下，整个部门焕然一新，地位变得越来越突出，成为了公司的核心部门之一。对于公司来说，公司虽然失去了一位财务经理，却得到了一位高级工程师。从小陈身上可以看到敬业的另一种表现与境界，与勉为其难地去维持一种状况相比，主动让贤更体现出一种职业精神与道德素养。如果当时小陈不提出换岗，还做原来那个工作，更何况他对原来的工作做得已经很到位了，只要他维持现状，就可以在这个岗位一直待下去。但小陈没有这样做，他知道这样对公司发展没有任何好处，而且迟早有一天会影响到公司。他提出让位，是真正出于对工作，对公司的责任感，是真正站在企业的角度来为企业发展着想。

可以这样说，小陈这样的员工是最为敬业的员工，也是最遵纪的员工。制度的根本目的，是为企业的发展保驾护航。员工的任何一项工作只要能促进企业的发展，维护企业的利益，都是一种遵纪。

第六章

员工要对工作负责，
忠诚于使命

01

培养使命感

——清楚自己的使命，才能更好地承担责任

使命感是原动力的内在源泉。培养使命感真正的成功基于三个关键：

一是要清楚什么是使命；二要要把自己的价值观与使命感联系起来；三是愿望与使命感的关系也很重要。而后两者是依存于前者的。成功的人，一般都有很强的使命感，他们知道他们不能为自己活着。每一个人的行为背后，都有其更高的善意存在。不论是谁，如果没有明确的目标，就走不了太远。做自己真正想做的事、喜欢的事，才能把工作当成是一个享受的过程。纵然会有许多艰苦和辛酸，强烈的使命感也会使你坦然承受。世界上那些活得非常有价值、非常成功的人，都是有着强烈使命感的人，使命感就像他们头上耀眼的皇冠一样，陪伴他们的整个奋斗过程。所以，生命的价值取决于你赋予自己的终极使命。

价值观，用通俗的话讲也就是一生当中什么对你最重要。价值观决定一个人的思维模式和行为方式，从而也就决定一个人的成就大小。价值观会因每个人认为"最重的东西"不同而产生很大的区别。比如说，有的人认为帮助人能得到很大的快乐，有的人觉得贡献越多得到的就越多，有的人觉得如果想得到爱，就得先付出爱，想得到尊重，就得先尊重别人；而有的人则觉得帮助别人是在浪费自己的金钱和时间，贡献的多了，不一定就有回报，别人尊重不尊重我没有关系，所以我也不需要尊重别人。从上面我们就可以看出来，人是各

种各样的，人的想法也有众多不同，其中起重要作用的就是价值观标准，所以请你在百忙之中静下心来问问自己：什么才是你一生中最重要的。在不同价值观指导下，我们的愿望也会有所不同，正确的价值观指导下的愿望就会阳光，就富有积极意义，而消极的价值观指导下的愿望，就同样的会带来消极影响。而价值观和愿望正是在使命感的指引下才会对这个社会产生正确积极的影响。他们三者之间是有着密切的联系。

使命感这个词，给大家的印象也许太沉重，离我们的生活太遥远了。尤其是对一些公司、一些老板来说，可能会觉得有些严重了。公司不是军队，不需要士兵们拼杀疆场，报效国家，公司职员也不需要像士兵一样有神圣的使命感。在公司里，员工们只要能恪尽职守，努力工作，老板就会觉得很欣慰，会把这样的员工当成努力工作的模范，这和使命感好像也没有多大的关系。其实，老板们有所不知，使命感才是促使员工们勤奋工作的最强的动力。在美国，有位著名的心理学家叫马斯洛，他有一个著名的理论，即人类"需要五层次论"，在这个理论里，他把人类的需求分为五个方面——生理需求、安全需求、社会需求、被尊重的需求以及自我实现的需求。其中生理需求是指人类最基本的需要，想要维持生命的需求比任何其他任何需求都强烈。在这里我们可以联想一下，如果一个人吃不饱、穿不暖、没地方住，那么他还会有闲情逸志去想什么安全，别人的尊重以及自己对这个社会的贡献之类得事情吗？如果想通了这个例子，那么用一颗钻石去换取一片面包的事情是不是也是可以理解的？只有当生理需求得到满足之后，安全需求、社会需求、被尊重的需求以及实现自我价值的需求才会依次产生。在这五种需求之中，层次越低的需求越强烈，需求的层次是逐渐提高的。如果往深的方面去想这个理论，我们就能发现一个事实：如果一个社会有着较高的基础设施，公民的基本知识与基本素养高的话，那么他们往往也有着更高层次的需求，如果他们又有更高的需求，他们就会创造出他们所需要的更高层次的东西，不管是物质上的还是精神上的。而使命感就是高层次需求的一种表现形式。例如，在战争爆发的时候，军人们会拿起武器，义无反顾地投入到战斗中，而有些军人就不会；当一个人因为种种原因要犯罪的时候，有的公安人员会奋不顾身地与之搏斗，而有的公安人员则不会。在这两个例子中，同样都是军人，都是警察，为什么他们的举动会这么不一样呢？难道采取行动的这些军人和警察就没有保全自己生命安全的意识吗？他们是有的，但比起他们自身的安全来说，他们还具有更强烈的使命感，这种使命感才使他们置个人生死于不顾，坚决地捍卫国家的安全。同样，在公司里，如果你的员工对公司肩负着一种强烈的使命感，在公司面临危险困境的时候，他们能与公司领导，与公司其他职员同舟共济、共渡难关的话，这个公司就会有强大的生命力。

随着世界社会经济的不断发展，大多数人不会再为温饱问题而苦恼，在大多数人生理需求得到基本满足的情况下，对于精神方面的需求就逐渐提高了，这种时代要求就为培养使命感创造了条件。作为公司的老板，如果想要自己的公司有更好的发展，就应该站在时代的前沿，多关心体贴员工，尽力做一些对公司职员有实实在在利益的事情，同时也要关心他们精神上的需求，这样才能正确引导他们，从而促进公司的赢盈利。比如说，你手下的某个员工要过生日了，你可以以公司名义给他送去一份祝福或者小礼物；当某个员工生病住院时，你不妨送上一束鲜花来表达你的敬意。如果你真的是工作太忙，不可脱身的话，你是不是可以考虑让自己的秘书代你去做这些事情呢？这样做的目的其一，是要让员工时时能感受到老板及其公司对他个人的关心，使他感到自己是公司这个大家庭中的一员，从而更好更快乐地工作；其二，是要让他慢慢学会把公司的事情看作他自己家的事情，培养他对公司的热爱，让他自觉地把自己和公司联系起来，让他自己觉得应该为公司负一定的责任，而使命感同时也在这个过程中潜移默化地慢慢形成了。

其实每个公司也都有自己的使命的，比如说，通用电器：永远为生活创造美好的东西；摩托罗拉：光荣地服务于社会；索尼公司：体验造福大众带来的真正快乐；美国运通：全球性的服务；惠普公司：长久为我们从事的领域贡献技术；日本精工：永远向权威挑战，做成世界领先；沃尔玛：力争上游，永远不断追求进步。正是因为这些公司都有自己的使命，所以不管遇到什么情况，他们都能坚持自己公司的信念，从而慢慢成为享有世界知名度和影响力的公司。一个公司如果想要发展，尚且如此，那么作为员工的我们就更应该想想自己的使命感了，想想到底自己能为他人做些什么，有多少人是因为有你的存在而生活得更美好。请永远记住一句话：人为自己活，但要为他人着想。

02

每天多做一点
——培养对工作的兴趣

记得一位经济学家说过："不管你的工作是怎样的卑微，你都当赋之以艺术家的精神，当有十二分热忱。这样你就会从平庸卑微的境况中解脱出来，不再有劳碌辛苦的感觉，你就能使你的工作成为乐趣。只有这样，你才能真心实意地善待每一位客户。"

工作是我们生活中很重要的一部分，你在工作中能找到快乐，才能在别的地方也找到快乐，因为你每天都要花费很多时间和精力在工作上。那么，你就要给自己打气，培养自己对工作的兴趣，这样你才能把疲劳降到最低程度，才会给自己带来升迁和发展的机会。即使没有这样的好处，至少在减少了疲劳和忧虑之后，你可以更好地享受自己的闲暇时间。当一个人能快乐地工作，那么他的压力就会小很多，情绪会放松，能得到喜悦，周围的一切也就会好起来，这样的话，他的工作效率就会比其他人高很多。如果每个人都能找到工作中的乐趣，能以精益求精的态度，火焰般的热忱，充分发挥自己的特长，那么不论做什么样的工作，都不会觉得辛劳，那么每个人成功的概率就会大很多。而如果我们以冷淡的态度去对待工作的话，就算给我们做世界上最伟大的工作，那么我们也不可能得到成功。

有一个叫山姆的年轻人在一家工厂里做卸螺丝钉的工作，刚开始的时候他还觉得有些乐趣，可没过多久，他就觉得工作乏味，他实在忍受不了这样的乏味生活，于是他就把工作辞了，又换了别的工作，可他工作一段时间以后，发现这样的工作依然很无聊，所以他又辞掉了，这样来回辞了五六份工作，到最后他才发现，原来不是工作无聊，而是自己对工作缺乏兴趣，于是，他就重新回到了六年前工作过的那家工厂继续做螺丝钉的工作，可是这次他想办法让自己对工作感兴趣，于是他尝试着和其他操作机器的工人比速度。有的工人负责磨平螺丝钉头，有的工人负责修平螺丝钉的直径大小，而山姆就和他们比赛看谁完成的螺丝钉多，在这样的对比中，山姆慢慢地提高自己的工作速度，后来工厂有一个监工对山姆的快速度留下了印象，很快就提升他到另一个部门。到了新的部门，山姆还是保持着他在工作中寻找到了乐趣，每天开开心心地工作，工作效率也很高，他一步一步地被提拔，到最后，山姆成了机器制造厂的厂长。在这个故事中，正是由于山姆找到了对工作的乐趣，他的人生才发生了转机。

其实，在生活中，我们经常会发现许多在大公司工作的人，他们拥有渊博的知识，受过专业的训练，有一份令人羡慕的工作，拿着一份不菲的薪水，但是他们并不快乐。他们觉得自己朝九晚五穿行在写字楼里，每天重复着同样的工作，他们讨厌他们现在的生活，讨厌自己的上司，觉得自己周围的同事也不够好，他们每天都把紧箍咒牢牢地绑在自己的头上，不愿意拿掉，每天抱怨着生活工作的众多不美好，这样长久以来，他们的身心就受到很大的伤害。其实，如果换一个角度对待工作的话，他们应该每天过得很快乐，可是这个年代偏偏出现了很多由于不满意工作或者由于工作压力大，而产生轻生念头的人。

在工作中，我们可以获取很多经验、知识和信心，而这些经验、知识和信心，如果不经过这样的磨炼与工作，是不可能学到的，这是我们人生中一笔可观的精神财富。一个人对工作投入的热情越多、决心越大，相应的，他的工作效率就越高。如果我们把工作看成我们人生中最有意义的事，把与同事相处看成一种天赐的缘分，从与顾客、生意伙伴打交道的过程中获取乐趣，即使我们的处境不是那么让人如意，我们也不会厌恶自己的工作。如果你的工作环境不那么顺心，自己不知道调整自己的心态，那么你就会活得更糟糕，这样的结果才是世界上最糟糕的结果了。而相反，如果环境迫使你不得不做一些自己不喜欢的工作，而自己又不能不做，这时你就应该想方设法使之充满乐趣。用这种积极的态度投入工作，无论做什么，都很容易取得令人满意的结果。

由不喜欢做一件事情到喜欢，由喜欢到对这件事情产生热情，又由热情转换为激情，这是逐渐深入的过程。随着你对工作的逐渐深入，你慢慢会产生对工作的兴趣，这种兴趣能把额外的工作当作自己遇到的一个机遇，能把陌生的人变成好朋友，能慢慢地不计得失，把自己努力的工作看作自己生活的一部分，而不去计较什么头衔、权利和报酬。

如果你能拿出百分之百的热情来对待百分之一的事情，而不去计较这件事情是多么的微不足道，那么你就会发现，原来每天平凡的生活竟是如此的充实、美好。所以，从现在开始，每天强迫自己多做一点点这样小的事情，你慢慢地就会发现，原来的这种强迫慢慢变成了生命中不可缺少的一部分，这种经历，会让你对周围的事情倾注全部的热情！这种热情决定了你是否会有一份满意的工作，你是否能生活的更好，你是否能拿到订单、拉到更多的顾客，是否能得到更好的发展。如果一个员工对待自己的工作没有兴趣，那么他就不可能始终如一高质量地完成自己的工作，不可能做出创造性的业绩，不可能在职场中立足和成长，不可能拥有成功的事业与充实的人生。相反，他会在工作中拖拖拉拉，这样拖拉的习惯还有可能影响到别的职工，这样的话，整个公司的效率自然就不会高。

这里有这样一个对话：讲的是三位砌砖工人对工作的不同态度。有人问："你们在做什么？"第一个砌砖工人回答："砌砖。"第二个砌砖工人回答："我在做每天10美元的工作，干完后我就可以回家了。"第三个砌砖工人回答："你问我？我在建造世界上最伟大的教堂！"

在这个简短的对话里，虽然没有讲到这三位砌砖工人的最终结局，但我们可以想象一下，他们三位工人会用什么样的态度对待他们以后的人生。也许他们这辈子还都是砌砖工人，而前两位就每天抱怨自己的工作，他们会把这种抱怨带到他们的生活中，交友中，这样他们就很难去享受生活，而是为自己的生计，自己的工作而忧虑不堪，而第三位工人，极其富有创造力和对工作的兴趣，他能把这么辛苦、这么枯燥的工作看作在建造世界上最伟大的教堂，那么他成为工头或者承包人，或者建筑师的概率就会大些，他得到晋升的机会也会大许多，即使他运气不好，没有机会实现他的梦想，但他这种对工作的兴趣，会让他享受工作，享受生活，他每天还是能开开心心，快快乐乐的。

韦尔奇是美国通用电气公司的最高主管，他连续数年被美国一份杂志评为最受推崇的企业家，他是怎么做到的呢？其实，就是他一改通用电气公司僵化的模式，把这个公司变成了"最具竞争力的企业"。

一次，韦尔奇找来一个部门的主管谈话，韦尔奇告诉那位主管，这个公司虽然有盈利，但还有更大的发展空间，但那位主管没有听懂他的意思，只是不停地说："请看看我的收益，看看我的投资回报率，我们部门的人员，我的决策……"韦尔奇只是想让那位主管明白如果他能对工作再多一点激情，再投入一点心思，也许收益会更好，但这位主管还是不明白这些和公司的效益有什么关系，韦尔奇干脆让哪位主管放下手头的工作，出去休息了一个月，到休息回来的时候，这位主管精神焕发、信心百倍，把时间和工作安排得井井有条，部门效益也明显提高了。韦尔奇在公司中经常用这样的方法，不断地调动公司职员对工作的兴趣，这样公司获得的效益就更大。其实，只要自己的兴趣还在，那么一切工作对你来说都是有意义和充满乐趣的。

在《表演船》一剧中有这样一句话："能做自己喜欢做的事的人，是最幸运的人。"从这句话里我们可以体会到人们在做自己喜欢做的事时候，体力往往更充沛，相应的所获得的快乐便会更多，而忧虑和疲劳又往往比别人要少。只有培养自己对工作的兴趣，才能充分发挥自己的能力。如果你抱着十二分的热忱投入到工作中，那么上班就不再是一件苦差事，工作就变成了一种乐趣，就会有许多人愿意聘请你来做你所喜欢的事。请记住：工作是为了自己更快乐！如果你每天开心地工作八小时，就等于自己快乐生活了八个小时，这是一个多么合算、多么让人兴奋的一件事情啊！每天多做一点点，哪怕刚开始的时候很艰难，刚开始的时候很无聊，坚持住，每天多做一点点，每天进步一点点，每天快乐一点点，那么你离成功就越来越近了。

03

工作并快乐着

——对工作负责就是对自己负责

俾斯麦曾用一句简单的话来概括生活的准则："这条准则可以用一个词来表达：工作。工作是生活的第一要义。不工作，生命就会变得空虚，就会变得毫无意义，也不会有乐趣。游手好闲的人不能感受真正的快乐。对于刚刚跨入社会门槛的年轻人来说，我的建议只有三个词：工作，工作，工作！"

工作在我们的生活中占有重要的位置。菲利浦斯·布鲁斯曾这样说过："当一个人知道他要做什么，他就可以大声地说：'这就是生活！'"当然工作并不等同于生活，但生活中如果没有了工作，也不称其为生活。而我们工作也不单单只是为了生活或者是生活得更好，工作本身就是生活的一部分。

我们经常会看到这样的故事：一位母亲有两个儿子，大儿子开洗衣店，小儿子做卖伞生意，他们两个人的生意做得也都挺好，可是这位母亲却天天为儿子们担忧：阴天下雨，她怕大儿子洗的衣服晾不干；阳光灿烂的晴天，她担心小儿子的伞卖不出去。这位母亲日日担忧，总是愁眉苦脸。后来，一位邻居问她为何总是不开心。她把自己的忧虑讲了出来，邻居听了大笑道："你的担心真是多余了，你看无论是什么天气，你家里都会有人赚钱的。你何必要自寻烦恼呢？"经过邻居这么一番劝说，这位母亲想想也是如此，后来她就开朗起来了。出太阳时，她为大儿子高兴；逢雨天，她为小儿子开心，从此不再闷闷不乐。从上面的小故事中我们可以受到很大的启发：对待生活，我们要积极乐观地去面对，而在我们面对工作时又何尝不是如此呢？对待工作我们也要开心乐观地去面对。不管自己从事什么样的工作，哪怕是最不起眼的工作，我们也要在工作中体会到快乐与满足，要做到工作并快乐着，这样才是对自己负责，对工作负责。其实每个人在不同的时期都会觉得悲伤、迷惑、自卑等等，而这时如果我们把精力集中到工作上，那些负面因素就会抛在一边，而此时，人也真正成了坚强、自尊的人。在工作中，幸福和快乐就会从心底迸发出来，像火一样地燃烧着自己和周围的人。

工作并快乐着，其实就是对工作的负责，而对工作的负责，也就是对自己的负责。工作是维系我们生活的一个重要杠杆，在工作中，才能更大限度地体现我们的人生价值。而我们究竟是为了什么在工作呢？针对这个问题，有关调查显示，52.06%的人是为了工作而工作，17.60%的人是为了实现自己的人生价值而工作；19.85%的人工作为了个人发展，获得经验和技能；而为了兴趣爱好和责任的人数则少之又少，分别只有4.87%、5.62%。我国改革开放以来，经济上获得很大的发展，而这种发展同时也给我们带来很大的压力，特别是对于80后来说，这种压力大得有时候想让他们窒息，确实，生活环境还有工作压力，都在无形中折磨着我们，为了生活，很多人做着自己不喜欢做的事情。为了获得更高的薪水，人们也越来越忙。可国家不能因为我们的压力就不发展，因为我们的逃避而逃避。然而，工作其实并不是无法把握、无法选择的事情，我们也没有必要成为工作的奴隶。我们可以选择工作的心态，既然外部的环境无法改变，那么就改变自己的态度吧。

对于工作，我们承担自己应该承担的责任，奉献自己该奉献的，这样也是对我们自己负责。如果你能全心全意地为了工作，把公司当成自己的家庭，好好去呵护，好好去经营，那么长久以来，任何一个老板都会将你视为公司的支柱。而当你痛苦地认为工作只是谋生的一种方式，你只能依靠这种方式而活着，那么你就会被生活所累，被工作所累。我们不应该让我们的心被斤斤计较的思想占据，也不能因为这狭隘的思想让我们变得目光短浅。如果一个人对工作不负责任，那么就会给老板带来损失，而这种损失迟早会让老板或者你的上司慢慢远离你。有些人花费很多精力来逃避工作，却不愿花相同的精力努力完成工作。他们以为自己骗得过老板，其实，他们愚弄的只是自己。因为每一个领导者都清楚地知道，也深知那些对工作负责任的员工才是最应该得到晋升的，所以他们平时会很留意这些方面的细节，也许他们并没有时间去了解每个员工的表现，或熟知每一份工作的细节，但如果你不对工作负责任，长期以来便会形成懒散，不敬业的习惯，这样的习惯是非常容易被领导者发现的。那么由于你的不小心、或者是不负责任，你就会失去很多那些勤奋、敬业的员工得到的机会。而你在物质上不能获得报酬，在精神上也不能得到别人的认同。

格林大学毕业之后在一家保险公司做业务代表。这项业务很让人头疼，也很麻烦，特别锻炼人的耐心。格林刚开始工作时，觉得非常困难，并时不时发火，但是格林并没有放弃，他觉得自己一定能找到一个好的方法去开展这项工作，如果他在此时放弃了这项工作，那么他辛辛苦苦这么久以来所做的一切就化为乌有，于是，格林开始主动去请教周围的同事，并时时出去寻找客户源。他熟记公司的每一项业务情况，还利用自己的休息时间上网了解同类公司的业务情况，对比自己公司和其他同类公司的不同之处，他都认真记录下来，等见到客户的时候，详细地把这些东西告诉客户，让客户自己去选择。其实，很多人是想多了解一些保险方面的知识，但是有很多业务员对自己的业务并不是很清楚，他们只是一味地告诉顾客买自己公司的保险，但却拿不出让客户信服的证据，这样让很多人对保险业务员产生很大的误会，觉得他们在骗人。格林在了解了这些方面之后，主动在社区里办起"保险小常识"讲座，免费讲解。这些人对保险有了更多的了解，也对格林有了好印象。而这时，当格林再向这些人推销保险，大家反而乐于接受。

格林利用自己休息的时间来做公司的事情，虚心向公司职员请教，免费办讲座这些举措，都能说明格林是一个非常有责任心的年轻人，而正是这样对工作的负责态度，让他在做保险业务时如鱼得水，获得了公司的嘉奖。其实努力工作就是对工作负责，对工作负责就是对自己负责。这也是格林为什么获得成功，而其他人依然碌碌无为的原因。只有当你尝试着对自己的工作负责时，你才会发现自己还有很多的潜能没有发挥出来，这时你才有激情去发挥自己的潜质，这样你就会比自己往常出色很多倍，这样你自己的自信心就会得到很大程度上的提升，而你也会越干越有劲头。工作就意味着责任，岗位就意味着任务。在这个世界上，没有不需要承担责任的工作，也没有不需要完成任务的岗位。工作的底线就是尽职尽责。对工作负责，你就会发现自己是最大的赢家。

04
积极面对现状
——少发牢骚，多提建议

牢骚其实就是一种抱怨，是对周围事物的不满，一种认为受到社会不公平待遇的自贬意识。其实，每一个人都有苦恼、冤屈的时候，适度的牢骚也是有益的，发泄作为一种平息人们心中不良情绪的一种方法有着特殊的功用。但是，我们也不能走近一个这样的误区：不分场合，不分对象地乱发牢骚。发牢骚的时候要在合适的场合，选择合适的对象，而且发牢骚的时候也不要走极端，发完牢骚，心里压力得到缓和之后，就不要钻牛角尖，要马上投入到自己正常的生活学习中。因为过度的牢骚会让人对你产生不好的印象，让人认为你缺乏责任心，而且会影响自己的职场发展。

俗话说："人生不如意者常八九。"现实就是这么残酷，总是无法满足我们的期望，而且许多时候我们也都面临着一些很难抉择的东西，这就是所谓的鱼和熊掌不可兼得。比如说，你想做官，还想做首富，那么要不你就是个贪官，就得面临进监狱的危险，要么就得去做生意，放弃仕途。而当官就意味着要承担责任，就要失去很多时间去做其他的事情，要做到"一身轻"是不可能的。如果每个人都因为这些事情每天牢骚个不停，真的是没有必要。其实，在任何时候、任何地方，还是少发牢骚的好。这样才不会把发牢骚变成习惯，才不会被别人看成是素质低下的人，发牢骚的人永远不会得到重用。那些总是随时把牢骚放在嗓子眼里的人，是最先被企业淘汰的人。他们自己发牢骚不要紧，还要影响到公司周围的人，这些人或者被他的牢骚扰得不能工作，或者被他所影响，加入到发牢骚的行列，这样的人在企业的话，带来的负面影响也比较大，所以公司领导在裁员的时候会首先考虑这些人的。

而作为企业或者团队的领导人，就更没有权利也不应该发牢骚了，如果这位领导人当着其他领导人的面发牢骚，有可能会造成企业或者集团内部的不和谐，如果这位领导人当着员工的面发牢骚，那么就会直接影响到公司职员的斗志。其实牢骚永远无法解决实际问题，只会惹祸上身。特别是在职场中发牢骚。比如，在公司里，许多职员常常会抱怨公司制度太严格、工资薪水不够高、市场变化的太快不好把握、企业的销售政策不够优惠。其实，当企业的职工抱怨这些事情给领导的话，领导只需要一句话就把他们这种抱怨的不合理性暴露出来了："如果产品、价格、广告、政策都比对手好，还要你们干什么？"所以，记住千万不要乱抱怨，尤其不要在自己的上司面前发牢骚。

牢骚是人们的一种不良心理，它常常会扩散并且影响到团队的其他人，影响整个团队的士气。因此，上司通常不爱提拔任用那些满腹唠叨的人，对他们也总是避而远之，而那些总是不畏困难、能够以建设性心态面对问题并且主动地去解决问题的人，却经常受到重用。所以记住，少点抱怨，多点建议。以合理的方式给上司提建议，不仅体现了你对工作负责的敬业精神，也体现了你较高的专业水平，你会因此而获得上司的认可和尊重。不过在向上司提建议的时候也需要把握一些原则：第一，要回避个人与上司以及同事之间的矛盾和冲突，不能让上司、领导觉得你是在借此机会对某些同事的打击报复；第二，提建议不等于出难题，而是能够提一些参考性的意见让工作更加完善；第三，当你所提的意见被认同以后，不要急着把这些功劳归于自己身上，而是一定要将荣誉归于上司；第四，在平时的工作学习中，要找到与别人的共同语言，了解上司、领导对本部门的发展思路以及他们所关心的问题，从而使你的上司更加信任你；第五，还要了解上司的兴趣，以及习惯于以什么方式来接受外界的信息。是喜欢数据分析，还是喜欢案例讲解；第六，当你提建议的时候，你一定要站在领导者的位置上去思考问题，站在公司的立场上去考虑建议的可行性，而不是片面的见解；第七，提建议的时候，要选择恰当的时间和场合。比如说，提建议的时候没有别人在场，因为太多的人在场，会让上司感到非常的没有面子，会伤害上司的自尊心。还要考虑到自己说话的方式是不是别人能够接受，有的职工非常有才华，也有敏锐的洞察力，他们的建议也很有建树，可是这样的人一般容易恃才傲物，让人产生讨厌的感觉，所以，给上司提建议要在对方心情愉快的时候，千万不要在上司刚刚和一位同事拍了桌子的时候，你就又过去给他指点一二，这样你就难逃挨批的厄运了；第八，注意沟通的方式和技巧。在提建议的时候，最好选择用选择题的形式而不是问答题，因为你所问的问题，别人也不一定就能回答，而选择这种方式，就像是你给拟了一个方案，让领导能直接看到你到底想要干什么，公司需要你是因为需要你帮助他解决问题，而不是让你给他出难题。所以，千万不要给上司提"怎么办"之类的问答题，即使要征询上司的意见，也要多提选择题，表明你已经有选择方案而不是一无所知；第九，在提建议的时候，不要总认为自己的建议总是最好的，不要把自己的观点强加给上司，而是讲道理，摆事实，为上司分析各种可能遇到的问题，然后再提出应该采用的几种解决方案，以便让领导觉得你是真心实意地为公司考虑，而不是怀有其他的目的。

在工作中，一定要牢记伟人毛泽东给我们的告诫"牢骚太盛防肠断"。每个人都会时时地发发小牢骚，可并不是每个人都会每天发牢骚，我们要学会适可而止，祥林嫂那样的结局是我们不愿意看到的，所以千万不可以牢骚满腹，喋喋不休。相反，在工作的时候我们可以多提建议，在适当场合，以适当的方式提出好的建议，会让公司领导对你刮目相看，会让公司重视你的建议，从而为公司带来更大的利益。

05

坚守自己的使命

——脚踏实地，勤奋苦干

懒汉们常常抱怨，自己竟然没有能力让自己和家人衣食无忧；勤奋的人会说："我也许没有什么特别的才能，但我能够拼命干活以挣得面包。"

在古罗马，有两座圣殿，分别叫作美德圣殿和荣誉圣殿。设计者在安排这两座神殿的位置时有一个顺序，那就是必须通过前者的座位，才能达到后者的位置，而不能直接抄近路或者走斜道。如果想到达后面的位置，那么我们就必须付出劳动，勤奋是通往荣誉圣殿时必须要付出的。一个人的品性是多年行为习惯的结果，当一个人反复地去做一件事的时候，他的行为就会变得不由自主，这个人不费吹灰之力就可以无意识地、反复做同样的事情，如果你让他再变化一种方式去做，他就会觉得别扭或者不按照他以前的方式做似乎已经不可能了，于是在这种反复中形成了人的品性。思维习惯与成长经历给一个人的品性带来很大的影响，他在人生中可以通过不同的方式做出不同的努力，这种努力导致的结果或善或恶，从而最终决定这个人一生品性的好坏。在这个世界上，我们经常可以看到一些濒临成功的人——在大多数人眼里，他们能够并且应该成为这样或那样非凡的人物，但是，他们并没有成为真正的英雄，原因何在呢？每一个人的成功都是伴随着勤奋的付出的，付出努力不一定能成功，但不付出努力却永远都成功不了。如果你希望到达辉煌的巅峰，就必须越过那些艰难的梯级；如果你渴望赢得胜利，就必须参加战斗；如果你希望一切都一帆风顺，而不愿意遭遇任何阻力，那么成功也好，荣誉也罢，都将离你远去。古罗马的一个皇帝在自己临终前面对着他的士兵们说了这么一句话："让我们勤奋工作！"在古罗马人的意识里，勤奋与功绩是他们的伟大箴言，也是他们征服世界的秘诀所在。在古罗马，你会发现一种特别有趣的现象，那些凯旋的将军都要归乡务农，而在当时，农业生产是受人尊敬的工作，所以，罗马人之所以被称为优秀的农业家，也正是因为罗马人推崇勤劳的品质，罗马整个国家才会逐渐变得强大。然而，当统治者财富日益丰富，所拥有的奴隶数量日益增多的时候，罗马人认为劳动对于他们来说已经变得不那么必要了，于是罗马整个国家开始走下坡路。结果，因为懒散而导致犯罪横行、腐败滋生，一个有着崇高精神的民族变得声名狼藉了。

在现实生活中，有太多的人遵岗敬业，但也有太多人浮躁散漫，面对生活或者工作，这两种不同的态度导致的后果肯定是不一样的。加伦现在是美国一家建筑公司的副总经理。可五六年前，他只是建筑公司招聘进来的一名送水工人，在短短的六年时间里，他怎么会从公司最底层升迁至公司的高级主管呢？在加伦送水的过程中，我们可以发现，他并不像其他的送水工一样，抱怨工资，做事拖拉，他每次送水，都会为每一个工人的水壶倒满水，并利用他们休息的时间，缠着让他们讲解关于建筑的各项知识，而不是像其他送水工人一样，草草地把水送到办公室，就躲在角落里抽烟或者找个僻静处休息，他们认为他们的工作就只是送水而已。而加伦这个年轻、勤奋好学的人在长期的送水过程中引起了建筑队长的注意。在不到一年的时间里，他就被提拔为计时员。当上计时员的加伦更是勤勤恳恳地工作，早上，他总是第一个来，晚上，他总是最后一个离开。加伦勤奋又爱学，他的业务职能也慢慢的增长，他对所有的建筑工作比如地基、垒砖、刷泥浆等慢慢熟悉，当建筑队的负责人不在时，工人们总爱问他。有一次，加伦把旧的红色法兰绒撕开包在日光灯上，以解决施工时没有足够的红灯来照明的困难，而其他工人却长期在昏暗的灯光下工作，这个细节刚好被一位负责人发现，于是这位负责人便决定让这个勤恳又能干的年轻人做自己的助理。加伦就是这样通过勤奋的工作抓住了一次又一次的机会，用了短短的五年时间，便升迁到了建筑队所属的这家建筑公司的副总经理。虽然成了公司的副总，加伦依然坚持自己勤奋工作的作风，他不但自己加班加点熟悉业务知识，还常常在工作中用自己的经历来鼓励大家学习和运用新知识，还常常自拟计划，自己画草图，向大家提出各种好的建议。再看看六年前一起和加伦送水的其他工人，他们依然在公司的底层为大家服务着，抱怨着，依然没有任何的进步与提升。

在今天这个充满机遇和挑战的社会里，如果我们想要成功，就必须要求自己付出比其他人更多的勤奋和努力，积极进取，奋发向上，才能抓住机遇让自己脱颖而出。所以，不管我们现在从事什么样的职业，我们都应该在勤勤恳恳地工作，只有这样我们才能避免在激烈的竞争中不被甩到后面，才能不成为大批失业的人群中的一员。每一个公司、每一个企业最需要的是那些受过良好的职业训练和勤奋敬业的员工，如果你是这些人中的一员，老板上司又怎么可能把你作为他们裁员员工中的一名呢？在美国著名的总统林肯先生，在他幼年时代遭遇了很多不幸。他住在一所没有窗户和地板的极其简陋的茅舍里，他的住所距离学校非常远，一些生活必需品也很缺乏。然而就是在这种情况下，他每天坚持不懈地走一二十公里路去上学，为了能借几本参考书，他不惜步行五六十公里路，到了晚上，他靠着燃烧木柴发出的微弱火光来阅读……在这么艰苦的条件下，林肯努力阅读、不怕困难，脚踏实地地做着他自己应该做的事情，在这种磨炼中，一跃而成为美国历史上最伟大的总统，成了世界上最完美的模范人物。

脚踏实地，勤劳奋斗，不管在什么环境下都要坚守自己的使命，这样你的人生才会更加容易成功，你的人生价值才能最大地发挥出来。不要以为自己头脑聪明且富有能力，就浮躁不安，不要以为自己无过人之处，就自卑不奋进。不管是谁，只要做事目标明确、坚毅果断、敢做敢当，就能事业有成。

06

让责任成为一种使命

——使命感是共产党取胜的精神法宝

马克思曾说过："作为确定的人，现实的人，你就有规定，就有使命，就有任务，至于你是否意识到这一点，那是无所谓的。这个任务是由于你的需要及其与现存世界的联系而产生的。"

中国共产党是具有高度警觉性和勇敢责任心的政党，共产党是战斗的党，时刻在和阶级敌人拼死拼活，斯大林曾经说过："不管敌人是如何伪装得好，我们都应该认得出谁是党的敌人。"同样，不管在如何困难的条件下，敌人怎样凶恶，我们总是英勇无比的，不怕牺牲的，去担负起所应负的责任。正是中国共产党的这种责任感成为了党取胜的精神法宝。共产党是依靠人民群众才取得最后的胜利的。毛泽东曾多次告诫共产党人，一定要从李自成的失败中吸取教训，千万不能和群众脱离，共产党人想跳出古代农民起义由盛到衰、始兴终亡的"周期率"，就必须开创民主的新路，而在这个过程中，共产党人就必须有着为人民谋利益，密切党群关系的意识，而这种意识正是来源于共产党人对党、对国家、对人民的责任感，这种责任感，使大多数同志能够正确行使手中的权力，为广大人民真正的谋取福利。在20世纪国共两党展开战斗的那些岁月里，中国共产党的武器装备极其落后，生活待遇更是没有办法和国民党比，但就是在小米加步枪的情况下，中国共产党实现了中国的统一，为中国人民带来了新的和平的生活。细想其中的道理，其实哪一个人不想光宗耀祖，不想拥有财富啊，而共产党人却没有因为我党不能为其提供好的生活环境而叛党背国，共产党人对革命事业的无限忠诚，对我党的极端负责，使他们对自己的本职工作兢兢业业、一丝不苟、忠于职守、精益求精，正是这种责任心，才使共产党员在艰难困苦中依然艰苦奋斗、乐于奉献、迎难而上，正是他们的这种使命感，他们的爱国心，他们的责任感，构成了他们可贵的品格，这种品格不仅使共产党取得了革命的胜利，而且也为我国现代化建设注入强大的力量，使我国的各项事业兴旺发达，人民的生活日益提高。

住在济南的陈从周是济南大学的一名教授，同时他也是人民代表，有一次放学，他在济南大学附近的一个路口亲眼目睹了一起交通事故，汽车轧死了两名行人，看到这种惨不忍睹的场面，陈教授心情沉痛，他说："作为人民代表，我没有尽责，这两条命送了，我的良心是受到谴责的。"作为人民代表的陈教授，早在两年前就向上面反映过群众的呼声，提出拓宽这条路的建议，但是由于各种原因，这条建议没有被采纳。其实这也并非陈教授的责任，但他仍深感良心上的谴责："我虽不杀伯仁，伯仁由我而死。"在很长一段时期内，我们都在讲良心，那什么才是良心呢？我们也似乎认为良心两字好像与无产阶级无缘。其实，良心作为基本的社会道德规范，应该是一个人最起码的一点悟性。"良心是一个人心灵中的卫士，是我们每个人心头的岗哨……它逼迫着每个人把社会利益置于个人利益之上。"从根本上说，只有在社会主义的国度，只有谋求全人类解放的共产党人才最有良心。就像李瑞环同志所说，社会主义最关心人、理解人、尊重人。当年，毛泽东不忍看老百姓忍饥挨饿，没看到这样的场景他都会潸然泪下，焦裕禄见不得群众为吃饱肚子而四处逃荒要饭，遇到这种情况，他也总是苦泪纵流，正是共产党人的这种良心，才使我们上一辈的革命家为了全中国的百姓能吃饱肚子，在战场上英勇杀敌。共产党人之所以有这样的良心，固然是共产党人的责任感使然。陈从周教授认为，就是共产党人责任心的缺失，导致了这场意外的车祸，使两条生命白白地丢掉了。作为新世纪的人民公仆、人民代表，都需要有上一辈革命家那样的责任心，有了它，对人民的疾苦才会有动于衷，才会恪尽职守，任劳任怨，才会不脱离群众，不放弃自己全心全意为人民服务的神圣使命，从而真正赢得人民的信赖和支持。而中国共产党之所以能够胜利并开创这个经济外交倍速发达的新中国，也正是由于这种精神上的责任。在现代化的建设中，这种对党和国家的责任感只能增强，不能缺失。

07

忠于自己的老板和企业

——树立一荣俱荣一损俱损的意识

作为企业的一名员工，我们应该忠诚于自己的老板。老板是企业的大家长，承担企业最大的责任，经受着方方面面的压力。员工应该理解自己的老板，了解老板创业的辛酸，守业的不易，拓展事业的艰难。

只有了解自己老板的难处和压力，我们才能发自肺腑地去尊敬我们的老板，去忠于我们的老板。同时，忠于老板这也是每一个员工应该必备的品质，没有一个老板可以容忍自己员工"身在曹营心在汉"。

忠于老板的要求主要有：尊敬自己的老板；认真完成布置的工作；严格保证公司决策的秘密性；积极主动地向老板提出企业发展的意见；能够站在老板的角度考虑问题，体会他们的难处，为老板排忧解难。

尊敬自己的老板这是最基本的一项要求，因为尊敬对方是人与人之间交往中最起码的要求。尊敬自己的老板主要表现在：在公共场合，不顶撞自己的老板，积极认真地接受老板的指示和意见；在私底下，不妄自议论老板。认真完成老板布置的工作是忠于老板的一项重要要求，只有各个部门，每个成员都能够积极认真完成自己的工作，才能保证整个公司流程的有序进行，才能把老板的决策落实下去，产生真正的效益。严格保证公司决策的秘密性，这是忠于老板的一项非常重要的要求。在现今竞争激烈的社会里，企业如雨后春笋一般纷纷出现，致使企业竞争也达到了白热化。一些在竞争中处于不利的企业，有的会完善自己的经营模式或者引进人才，提高管理等正当途径来走出困境，然后也存在一些通过不正当途径解决企业问题的，比如用高价购买其他企业的高级商业机密，而在类似的各种各样诱惑下，一些企业员工就有可能坚持不了自己的原则，背叛自己的老板，这是非常错误的，这样会给自己的老板带来不可估量的损失，轻者是减少一些经济效益，重者则可能使老板一败涂地。所以作为一名员工，应该时刻对公司的决策严守秘密。积极主动地向老板提出企业发展的意见，这也是一个优秀上进的企业员工的表现。无论是哪一个老板，他都会喜欢自己的员工能够关心企业的发展，能够发挥自己的聪明才智，为企业发展提出建设性的建议，从而扩大企业的效益和形象。能够站在老板的角度考虑问题，体会他们的难处，为老板排忧解难。这就要求员工在必要的时候牺牲点自己的利益，在员工个人利益与企业利益发生矛盾时，应该从大局出发，以企业的整体利益出发。

在这里，想起了电影《谁知女人心》里面的一个例子。

孙子刚（刘德华饰演）的公司就准备要选出一个执行创意总监，作为公司元老级人物的孙子刚，被大家认为执行创意总监的位子非他莫属，甚至大家已经开始为他庆功了。就在这个时候，老板高薪从公司外面聘了李仪龙（巩俐饰演）为执行创意总监。刚开始，孙子刚就对李仪龙心怀很大成见，寻找机会想把她撵出公司。后来孙子刚有了一种特异功能后，可以看透李仪龙的思想，多次抢走李仪龙的思想，快速构成设计方案向老板邀功。老板误认为这些设计都是来自孙子刚的想法，就辞退了李仪龙。最后孙子刚的良心发现，就把自己的特异功能告诉了李仪龙，恳请李仪龙原谅，请求她重返公司。

这个故事就反映了很多企业内部存在的一个问题，在选拔一些企业领导时，老板常常在资格和能力之间徘徊，难以做决定。凭资格选拔那些元老级员工时，会在一定程度上影响企业的效益；凭能力选拔那些新的人才时，会造成老员工心里不服气，甚至会引起员工的骚动。这个时候，我们就应该把企业的整体利益放在首位，谁对企业能够创造更大的效益，就选择谁，要能够推举贤能。

企业是老板和员工责任和利益的结合体，是两者之所以存在关系的一个中介。忠于企业最基本的要求就是要敬业，要认真工作，对企业有责任心，维护企业的形象。其实，忠于老板和忠于企业在本质上是一致的，是一个统一体，不可分割。老板对员工的最终要求就是让员工协同自己把这个企业搞好，搞出效益来。员工和老板其实都是在为企业做事，都从企业效益中求生存，可谓是"人人为企业，企业为人人"。

既然员工、老板和企业是一个不可分割的统一体，以至于"一荣俱荣，一损俱损"，所以就要求老板关心自己的员工，而我们员工要忠于自己的老板，要忠于自己的企业。

08

认真对待
——敷衍了事难成大事

在我们工作的时候，一定要认真对待，千万不要敷衍了事，其实糊弄工作就是糊弄自己。敷衍工作、应付了事不仅是对工作缺乏责任心的一种表现，也是对自己极其不负责任的态度。在工作中我们经常会看到一些糊弄工作的员工，他们觉得工作是为别人做的，自己只不过领取薪水罢了，他们就是在应付中生活，在应付中工作，而从来没有打算去认真、踏实地做好一件事，这样他们就没有了奋斗目标，自然不可能有成就感。相反，那些勤奋、有责任感的员工往往会在工作中受益匪浅：在精神上，他们获得了快乐和自信；在物质上，他们也获得了丰厚的报酬。

2003年3月9日晚，全长53.18米、跨径40米、总投资49万元主体工程刚完工的信宜市石岗嘴大桥突然坍塌。人们在现场发现，这座投资巨额的大桥除两座桥台及一座石碑外，其余部分全部坍塌，就连那水泥块也是稍用力一踩便粉碎。在有关部门调查这件事情的时候，发现了这样一种情况：石岗嘴大桥原来是有一个桥墩的，但在建桥时，建桥的工作人员发现底基可支撑桥重，所以就没有上报有关部门，擅自省去了桥墩。石岗嘴大桥的突然坍塌给了我们很大的启示，当然在整座桥坍塌的过程中，有很多其他方面诸如腐败之类的问题，但细想之，这都是工作人员与领导人员在工程实施过程中敷衍了事所酿成的恶果。在人们做事的时候，之所以会敷衍了事，有一个定律起了很大的副作用，即不值得定律，此定律告诉人们：不值得做的事情，就不值得做好。但是，什么才是不值得做的事情呢？难道是和自己无关的，或者不能直接受益的事情，就都是不值得做的吗？

曾经有一本书很畅销，叫作《细节决定成败》，在这本书里，作者通过具体事例告诉人们哪怕是微不足道的事情，有时也会显示出非凡的重要性，甚至决定你事业的成败。既然是这样，那就没有什么值得不值得做的事情了，人们之所以会产生不值得这样的观念，就是自己责任心缺失的恶果，这种大背景下的责任心缺失，做什么事情都以利益为准则，而忽略其他诸多方面的影响，给我们的工作以及国家的发展都带来了负面的影响。丰田集团被全球骄人的销售战绩冲昏了头脑，对中国的消费者从来就没有应有的诚信：皇冠、锐志的漏油事件；全球佳美气囊缺陷单单出口中国的不予召回，世界畅销的花冠国产后缩水得面目全非等等事件严重伤害了中国人民的感情，而相应的中国人民对这些事情的反映，也大大影响了他们的公司利润。据统计，在北京、天津和广州等城市其产品均遭到中国消费者的抵制，下降幅度达到25%以上。丰田认为中国的市场和消费者对于他们来说无足轻重，于是他们敷衍中国消费者，而他们在中国市场的业绩很快地下滑，他们敷衍中国消费者的态度得到了报应。以上这些事件说明了一个道理：忽悠消费者、敷衍了事的做法，其结果往往是搬起石头砸自己的脚。

1930年5月，冯玉祥下令让他的几十万军队日夜兼程进军沁阳，然而，冯玉祥的一个作战参谋在拟订命令时，误将"沁阳"写成"泌阳"，于是他的部队没有进军"沁阳"而是去了"泌阳"，这两个地方相距二三百里，当他的作战参谋知道自己的失误想要做出纠正的时候，发现即使撤回部队，也要贻误战机，这件事情导致了冯玉祥全军惨败。一个小小的字就能导致冯玉祥几十万大军的溃败，这样的教训不能不发人深省，如果每一个人都能认真负责，那么这样的失误就不会出现，我们也不用为自己的疏忽以及敷衍而付出太大的代价。

当一个人对于自己从事的事情，不认真对待，意识不到自己做这件事情的价值的时候，他们就会冷嘲热讽，敷衍了事，最终酿成惨剧。在这个世界上，做好每一件事情都可以锻炼我们的能力。做好每一件事情都可以在我们事业成功的大厦中添上一块砖瓦。因此，对我们来说，没有什么事情是不值得去做的，做好身边的每一件小事，认真对待手边的每一项工作，这样，我们离成功才会更近一些。

在人类发展的过程中，由于疏忽、敷衍、偷懒、轻率等造成的惨剧比比皆是：1986年1月28日，美国的"挑战者号"航天飞机刚升空就发生了爆炸事件，在这次事件中包括两名女宇航员在内的七名宇航员全部罹难。调查结果显示：这次飞机发生爆炸只是因为一个O型封环在低温下失效，失效的封环使炽热的气体点燃了外部燃料罐中的燃料。在发射前夕，很多工程师都提醒负责人不要在冷天进行发射，但是由于发射已被推迟了五次，所以这次警告未能引起足够的重视。这次事件是人类航天史上最严重的一次载人航天事故，由于一些人员对技术人员的建议敷衍了事从而造成直接经济损失12亿美元，并使航天飞机停飞近三年的惨剧。像这种因对工作敷衍了事而引起的悲剧，让人想起来觉得可惜，可是这样的事情发生了一次又一次，却始终不能杜绝。

"在此，一切都追求尽善尽美。"这句格言是一家世界500强的公司在公司大楼入口处雕刻的一句话。这句格言应该成为我们每一个人做任何一项工作的态度。无论我们在从事多么枯燥、多么单调、多么细微的工作，都要竭尽全力，以求得尽善尽美的结果，这样对我们自己、我们的公司、我们的社会才会取得长足的进步。而敷衍了事的态度与此刚好相反，敷衍了事使人们在做事时不能够全身心地投入，做起事来不踏实、工作起来不认真、马马虎虎、得过且过、畏惧困难、急功近利……这种人在工作上效率低下，给人们留下做事情不负责任、工作粗心大意的坏印象，从而很难获得上司的信任和重用，他们的这种工作态度阻碍了自己发展和进步的道路。很多人的失败是由于养成了敷衍了事的习惯，而很多人的成功是由于做任何事情都追求做得精益求精、尽善尽美，把自己所做的每一件事，都贴上"卓越"的标签。曾经有人说过这样一句话："轻率与疏忽所造成的祸患不相上下。"失败，并不意味着你的才能不够，也不意味着缺少成功的机遇，而是败在了敷衍了事、做事不认真的态度上。敷衍了事的做事态度使他们降低了对自己的要求，他们对自己的工作从来不会做尽善尽美的要求，这样的话，就很难做出成绩。英国著名小说家狄更斯，在没有做好充分的准备之前，决不轻易把文章给听众诵读。他总是每天把准备好的材料读一遍，直到六个月以后才会读给人们听。法国著名小说家巴尔扎克常常会为了把篇幅只有一张纸的小说写得更加精彩，花上一星期的时间去体验生活和思考。他们这种不敷衍、不糊弄的态度，使他们每一次的作品都能为读者带来莫大的惊喜，同时他们也从自己的认真态度上受益终生。

"认真地做好每一件事，绝不敷衍了事，每项工作都要做到最好"，这些是那些成功人士告诉我们的经验。养成做好每一件事，善始善终、不敷衍了事，对自己的工作负责尽心的好习惯，你必然会步入人生事业的辉煌。

第七章

让尽职尽责
成为习惯

01

激情无限

——激情地工作是尽职尽责的动力

工作没有激情，就像汽车没了油，不管这辆车再豪华、性能再优异，跑起来还不如一小三轮车呢！这就像有的人才华横溢、技艺出众，但是个人的成就，却不如一些仅有一技之长的人。

对个人来说，激情是成功的基石；对工作来说，激情是工作的灵魂；对团队来说，激情是团队前进的融化剂和助推剂；对企业来说，激情是企业的活力之源。激情是最基本的工作态度，也是一种积极的人生态度。在我们的生活中，经常可以发现那些对生活没有激情的人，他们的人生是灰暗的，对工作没有激情的人，他们的工作也是暗无前途的。不管是在生活还是工作中，激情都是一种难能可贵的品质。在工作中，如果有了激情，就可以释放出巨大的潜在能量，使自身潜能得到不断提升，同时可以把枯燥的工作变得生动有趣，使自己对工作充满渴望，自己对工作的激情还可以感染周围的同事，拥有良好的人际关系，还可以使自己有更多的机会获得领导的提拔和赏识。那些有激情的员工对工作的积极性和创造性也会比别人的高，各种消极的现象也会明显地少很多，这种人对公司负责，同时他们也是对自己负责。

在工作中，很多人都会缺乏激情，这主要是因为：第一，对眼前的工作没有兴趣。为了生活所迫，很多人不得不找一份能获得短期利益的工作，这样的工作是容易找，但是由于有被迫因素，工作起来就如同"劳动改造"，心情自然不会很顺畅，可为了这份工作，又不得不打起精神应付。有一个小伙子，原先是一家期刊的编辑，但不料该期刊因效益不好停办了，这个小伙子平时又不太注意储蓄，一下子失去经济来源，不得已在一家很不景气的公司里找到一份工作，具体就是打电话向各个企业催要欠款。在这个办公室里，小伙子还有三位同事，但她们三个都是行将离职的老太太，每天只关心自己的小日子以及退休后的生活，上班时谈论的都是她们家的狗呀、猫呀一系列鸡零狗碎的事情。小伙子觉得和她们没有什么共同语言，每天除了一遍遍地打电话外，就是做些端茶、倒水之类的杂活。于是他感到越来越烦，每天一上班就感觉是在硬着头皮做事情，下班就像囚犯放风一样，回到家里，满脑子想的全是如何快点脱离苦海。在这种情况下，这个小伙子如此这般地厌恶他的工作，创造优良业绩几乎不可能。这样的情况下，小伙子不能调整好自己的心态，那么他就应该尽快离开，找一份合适一点的工作。勉强做一份不喜欢的工作，又不能在工作中找到乐趣，那么自己的才能无法充分发挥，他就无法取得事业上的突破，而自己的自信心也会大受影响。第二，由于某些原因而对公司或工作有不满意的地方。不管你再喜欢一个工作，也不能一直一帆风顺，即使是再优秀的公司，也总存在这样那样的问题，工作的性质和公司的风气不可能随个人的好恶而转变，如果因为这些而觉得不适应，那么你就只能调节自己的心态，去适应这些不喜欢的又无法改变的事情了。但有的员工每天看到的都是这些负面的东西，不断地挑刺，最后发现这项工作简直"一无是处"，激情也就荡然无存。其实这种情况，即使是通过跳槽找到了别的公司，那么当你换了一家公司后，又能新鲜几天呢？如果你的心态仍然消极，过不了多久，你会发现这家公司的毛病比前一家更多。其实这些问题是出在了自己的身上，光换地方不换心态是不能解决好问题的。这里有这么一个故事：一只乌鸦打算搬家，燕子问他为什么，乌鸦说："这个地方的人都讨厌我的声音，我想搬到一个友善的地方去。"燕子问："搬到一个新地方，你的声音就变得好听了吗？"乌鸦无言以对。从这个故事里，我们可以看出来，如果是因为自己的原因造成跟环境不融洽，那么我们首先要做的就是改变自己，否则处境是不可能改善的。第三，自然疲劳。有的人刚开始一份工作时，兴趣盎然，特别有激情，可是干了几年之后，对工作内容完全熟悉之后，便会觉得索然寡味，激情也骤然降低，这时候这个人不一定讨厌这份工作，但也没有刚开始工作时所表现的热情。那么究其原因，可以发现，这类人只是找到了一份有兴趣的职业，并没有找准自己愿意为之终生奋斗的事业。只有那些为事业而奋斗的人，才永远不会感到厌倦。

朱明华是一家公司的采购员，他非常勤奋，对工作有一种近乎狂热的热情。他所在的部门只需能满足其他部门的需要就可以了，对其他技术方面没有更高的要求。但朱明华总是千方百计地找到供货最便宜的供应商，买进上百种公司急需的货物。他兢兢业业地为公司工作，节省了许多资金，这些成绩是大家有目共睹的，他在公司做了三年就为公司节省了48万元人民币。公司副总经理知道了这件事后，马上就加了朱明华的薪水。也正是因为他在工作上的刻苦努力，博得了高级主管的赏识，没过多久，他便成为这家公司的副总裁，年薪超过10万。他正是由于对自己工作的热情，才能勤奋地工作，但在现实中，很多人对自己的工作和所从事的事业缺乏起码的热情。他们早上慢腾腾地到公司后，无精打采地开始自己一天的工作，对待工作的态度是能推就推，能拖就拖，只盼着下班时间早些到来。这些对工作连最起码的热情都没有的人，又怎能谈得上对工作拥有激情呢？激情不是虚幻的，它不是体现在一些伟大的事业上，而是更多地体现在日常工作的兢兢业业之中，体现在对工作一丝不苟的责任之中。就像朱明华一样，他是在实实在在的工作中展现出他的热情和潜能的。

充满激情地工作，因为激情是生活中一道独特的亮丽风景线。激情是人生的动力之源，是勇气之源。激情使一个人的生命时刻处于锐意进取的状态，使每个人卓越的潜能充分显露，使我们出色的性情得到张扬，使我们丰富的才情得到升华。充满激情地工作，这是每一个人最基本的要求，只有激情无限地工作，工作才能不辜负我们，只有对工作充满激情，我们才有动力做好自己的本职工作。

02
用责任心搏出业绩
——工作就是一种责任

曾经有人说过，如果你十分热爱自己的工作，那么你就是生活在天堂，假如你非常讨厌工作，你就是生活在地狱。因为任何一个人都需要工作，所以在你的一生当中，大部分的时间是和工作联系在一起的。对待工作的态度决定了一个人对人生的态度，而一个人在工作中的态度又决定了其在工作中的表现，在工作中的表现又决定了其人生中的成就。当然，每一件工作都有其相应的制度和纪律需要员工去遵守和维护。所以，如果一个人不想拿自己的人生开玩笑，那么就需要在其工作中遵守纪律，并且承担起应有的责任。

美国独立企业联盟主席杰克·法里斯曾对人说起少年时的一段经历。

在杰克·法里斯还是个孩子的时候，他就开始在他父母的加油站工作。那个加油站里有3个加油泵、2条修车地沟和1间打蜡房。法里斯想学修车，但他父亲让他在前台接待顾客。

当有汽车进来时，法里斯必须在车子停稳前就站到车门前，然后检查油量、蓄电池、传动带、胶皮管和水箱。法里斯注意到，如果他干得好的话，顾客大多还会再来。于是，法里斯总是多干一些，帮助顾客擦去车身、挡风玻璃和车灯上的污渍。

有一段时间，有一位老太太每周都会开着她的车来清洗和打蜡，这个车的车内地板凹陷极深，很难进行打扫。而且，和这位老太太打交道极为不易，每当法里斯给她把车准备好时，她都要再仔细检查检查，让法里斯再重新打扫，一直到她满意。

终于有一次，法里斯实在忍受不了了，他不愿意再伺候她了。但他的父亲告诫他说："孩子，记住，这就是你的工作！不管顾客说什么或做什么，你都要做好你的工作，并应有礼貌去地去对待顾客。"

父亲的话让法里斯受到极大的震动，法里斯说道："正是在加油站的工作，使我学到了应该如何对待顾客，同时明白了工作应有的职业道德，这些东西在我以后的职业生涯中起到了非常积极的作用。"

正如法里斯的父亲所说的，既然从事了一项职业，就必须接受它的全部，包括它的规则、纪律，哪怕是屈辱和责骂，也是这项工作的一部分，而不是仅仅只享受工作给你带来的益处和快乐。

面对你的职业，请时刻记住，这就是你的工作，不要忘记其中的制度和你的责任。工作需要责任，工作就意味着责任。对于手头工作百分之一百遵守纪律、认真负责的员工，他更愿意花一些时间去研究各种情况和机遇，这样就显得更加值得信赖，也因此能获得他人更多的尊敬。与此同时，他也获得了掌控自己命运的能力，这些将加倍补偿他为承担责任而付出的额外努力、耐心和辛劳。

相反，伴随着责任感缺失和对纪律忽视，其代价则是惨剧的发生。

2002年9月23日晚，内蒙古丰镇市第二中学，晚上补课结束后，1500多名学生在从该校教学楼楼道口下楼时，一段楼梯护栏突然倒塌，当时没有灯光，再加上楼道内拥挤，致使学生不断摔下楼梯，最终酿成21人死亡，47人受伤的惨剧。

仅一天时间，警方就公布了事故原因调查结果：学校基础管理工作混乱。其一，事故发生地的楼梯12盏灯中1盏没有灯泡，11盏不亮。事故发生的当天下午，还有老师向校长反映灯泡照明问题，校长以"管灯泡的人员不在"为由，未及时处理潜在的安全隐患；其二，技术监督部门怀疑丰镇二中教学楼楼梯护栏实际使用的钢筋强度不够；其三，学校在这座教学楼未经验收的情况下就投入使用了；其四，事故当天，应该带班在岗的校长正与教委、本校和其他学校的老师在一家饭店喝酒。

事实上，从楼体建筑，到技术监督，到设施配制，如果上述每一方面都有点责任感存在的话；如果当天的老师能遵守其工作纪律，那么，这场惨剧就可以完全避免。一次责任感的缺位和对纪律的忽视，致使21名学生付出了生命的代价。

工作就是一种责任，每一名员工都要在自己的脑海中树立这样的理念，每一个员工都要记住"工作就是你的责任"！在职场上，只要你不时时、事事都找理由、找借口的话，那么，摆在面前的就没什么事做不到。每一位老板也应该时时提醒那些在工作中推三阻四，老是抱怨，寻找种种借口为自己开脱的员工，让他们端正自己的姿态，告诉他们要记住工作就是他们的责任。其实无论你做什么职业，责任感都是做好工作的内在动力。工作就是一种责任。在这个世界上，没有任何工作不需承担责任；相反，你的职位越高、权力越大，身上的责任就越重。只有勇于承担责任，才有可能比前人完成得更出色。负责任、尽义务是成熟的标志。负责任的人是成熟的人，有高度责任感的人，也有着高尚的职业道德，这样的人才有可能成为社会认可的人才。从踏上工作岗位的那一刹那起，我们就应该树立强烈的责任感，怀着"责任—荣誉—企业"三位一体的信念，这样才能把工作做好。只有把工作做好了，单位的事业发展了，社会取得了进步，个人的才能才会随之得到发挥。

03
左手责任心，右手胜任力
——有责任心就是一种能力

对于员工来说，能否出色地完成任务，一方面取决于企业给予的责任他们是否承担得起；另一方面取决于员工的责任心强弱和大小。在某种程度上说，责任与能力是相对的，而且在有些时候责任心要比能力更重要。一个人不管是做人还是做事，首先是要拥有责任心，责任心其实就是对所从事工作的内在尊重和热爱之情。在其位不谋其事，在其职不思其责，如果是这样的话，也就谈不上干好事、干成事。一个责任心不强的人，在做工作时就会消极应付、得过且过，既不会尽心尽力，也不会用心思考，这样的人即使有能力，也没有表现的机会，也就不容易获得成就。

如果一个人的责任心强，即使遇到不好落实的工作，他也会想方设法、创造条件去完成；如果一个人责任心差，再好落实的工作他也不一定干得好。一般来说，员工被企业录用后，都要签订岗位责任制，详细规定其岗位职责，目的是双方对责任和结果的承诺保证。员工用责任来证明自己的能力，企业用相应的薪酬换取员工为企业带来的利益。双方就是通过这种方式来满足彼此的需求，这样也就形成了岗位责任，这个员工就可以在这个岗位上工作了。一个员工工作的过程，其实就是证明自己能力和价值的过程，只有有才能的人才能为公司的发展做出贡献，也只有这样员工才能拿到自己应得的薪酬，而那些责任意识不强的人，很可能因为岗位职责过重而辞职或者被公司解聘。在企业，一个员工需要用责任来证明自己的价值，没有责任感的人是不可能得到领导和同事的认可的，所以责任感是完善自己、成就自己的必备素质。员工所处的岗位不同，相应的职责自然不相同。现代公司企业中的岗位责任制是为了清楚明白地明确企业制度责任而制定的，相应的员工也应该按照岗位责任的要求，承担起自己应当承担的责任，尽职尽责，只有这样才能顺利地完成工作。如果员工刻意或设法逃避任务，也许能侥幸逃过企业制度和管理的处罚，但这样长久下去，对自己的发展或者公司的发展都是有百害而无一利，也正是这种逃避、推卸责任的做法使自己失去了一次克服困难、解决问题的锻炼机会。所以，员工的责任心不仅是工作的需求，也是自身品质修养的需求，放弃承担责任的机会，其实就是放弃对人生目标的追求，因为在承担责任的同时，你将会使自己的能力得到很大的提高。

上海一家公司为了顺利开展对港贸易工作，在深圳开了一个办事处，在这个办事处只有两名员工，一名主任和一个办事员。办事处成立之初，是需要向当地税务部门进行纳税申报，但是由于这家办事处在最初没有什么业务，自然也就没有什么收入，在当时有很多类这样的办事处也都没有进行纳税申报，所以这家公司的办事处也就一直没有申报。一年后，在一次企业纳税情况检查中，税务部门发现了这家办事处在没有进行纳税申报的情况下就挂牌营业，而且偷税漏税情况非常严重，于是税务部门就对其进行了数万元的罚款处罚。公司在得知消息后，派人来进行调查，当调查人员询问办事员为什么不进行申报时，这家办事处的主任回答说："当时我也想去进行纳税申报，但办事员说现在有很多类似的办事处也都没有去纳税处申报，而且这样做还可以为公司节约一笔资金，所以我也就没再过问此事，直接把这些事情交给办事员去办理了。"调查人员在询问完办事处主任之后，接着调查那位办事员，办事员是这样回答的："当时我们办事处并没有营业收入，为了节省开支，我把这种情况向主任做了汇报，并且告诉主任有很多像我们这样的办事处也都没有申报，加上我们没有营业收入，但最终申报不申报，要由主任来决定，当时主任没有再安排我申报，所以我也就没报。"调查人员调查完后，及时把这些情况如实地向公司做了汇报，公司领导马上就辞退了那位办事处主任，原因是本应该由主任承担的责任，主任没有承担却推卸给了办事员，他没有履行作为一个主任的责任，属于失职行为。显然，由于责任心不强，主任失职，为公司造成了损失，自己也因此丢了饭碗。在这个案例中，这个主任由于自己对工作的不负责任被公司开除了，责任与能力以及结果的对应关系，要求员工不能存在侥幸心理，要求员工必须对工作认真负责，在其位就要谋其责，否则就要承担失职的后果。其实，这位主任在做事的时候不一定就是没有能力，如果他没有能力的话，当初公司也不会选择他去做这个办事处主任，可是也由于他的疏忽大意，导致了公司被处罚，他再有能力，却不能时时为公司着想，这样自己的能力也就无法得到用武之地，所以在一定程度上，责任要远远高于能力。

04

有结果才是有能力
——责任心让能力所带来的价值最大化

一个有责任心的人，知道怎么去承担责任，他们把责任装在心里，时时激励着自己，这样他就容易成功。其实，责任心能促使一个人在工作时激情四射，而这种激情是一个人成功的内在动力，有了激情，人类才会创造出震撼人心的音乐，才会建造出富丽堂皇的宫殿，才能用诗歌去打动心灵，才能用无私崇高的奉献去感动这个世界。这种内在的动力让能力带来的价值最大化，正因为如此，世界上才有那么多的优秀人才，才有那么多的奇迹，伽利略举起了他的望远镜，最终让整个世界都为之信服；哥伦布克服了艰难险阻，领略了巴哈马群岛清新的晨曦；莎士比亚写下了不朽的篇章，让世人永远记住他的名字，他们所取得的成功，是他们能力的体现，而他们的能力之所以能够如此彻底地发挥，正是由于他们拥有责任心和他们强烈的责任意识。

1928年，世界上最著名的销售王——乔·吉拉德，出生在美国密歇根州底特律市东郊的一个贫民窟。在离他家一英里左右的地方，也曾有一名像他一样的穷小子，那就是他少年时期的偶像世界拳王——乔·刘易斯。虽然乔·吉拉德只是一名挣扎在贫困沼泽里的穷苦少年，但在他少年时期他就发誓一定会像乔·刘易斯一样闻名于世。他的这种决心使他终于事有所成，在1977年，当乔·吉拉德离职退休时，他成了世界上最伟大的推销员，他平均每天销售6辆轿车，保持了连续12年的全球汽车销售的最高纪录。他的这一纪录被载入了吉尼斯世界大全。

　　传记作家汤普生为乔·吉拉德作传时发现了一些他成功的秘密。在乔·吉拉德屋子的墙上贴着许多人的照片。乔·吉拉德说，这些人都是销售业绩惊人的员工，正是这些人激励了他，让他一步步成功。在他非常年轻的时候，他步入这个行业，当时也没有什么经验，那些员工们的业绩让他望尘莫及。他把那些业绩突出的员工的照片放在自己家的墙上，每天面对着这些员工的头像，在心里默默念道：一定要向他们学习，一定要在业绩上超越他们。在乔·吉拉德刚刚踏入推销的最初几年里，这种信念一直支撑着他。刚步入推销业，因为年纪轻并且没有经验，总是屡屡失败，他身边的朋友也慢慢少了起来，在这个困难的时候，乔·吉拉德却对自己说："没关系！谁笑到最后谁才笑得最甜。"他给自己立的目标就像他心里的一座高山一样，他坚信自己一定会超越它。他牢牢地坚守自己的目标，稳扎稳打，一步一个脚印，就这样，三年后他成为美国汽车推销的翘楚。

　　老板总是希望自己的员工能创造出优异的业绩，他们绝对不希望看到员工工作卖力却成效甚微。即使你费尽了全部的气力，如果做事情的方向不对，或者做不出一点成绩，对于老板们来说是没有用的。用自己的成绩来证明自己的价值，有能力的人自然会赢得尊重。

　　唐骏是微软亚洲技术支持中心的领导者。在1994年初，他刚踏进这个行业的时候，本来是想着要去市场部门的，但市场部门当时不缺人员，他就被分配到了微软WindowsNT开发组做了一名普通的程序员。当时在微软，像唐骏这样的工程师不下万人，唐骏经常想如何才能让自己从这些小工程师中脱颖而出呢？他做的第一步是发现问题、寻找机会。在微软WindowsNT开发组，唐骏认真研究，发现了微软在Windows版本开发中依然存在很大的局限：当时Windows的开发程序是这样的，必须先做英文版，然后再由一个300多人的大团队把英语版本的Windows开发成其他语言版本。这样的开发程序，使其他的版本建立在Windows英文版的基础上，这就导致了其他版本要落后英文版上市几个月甚至是几年，而且这样的开发程序效率低，人员的配置也不合理，唐骏认为这种办法是愚蠢的。经过半年的冥思苦想，唐骏经过实验，拿出了自己的解决方案。他的方案很快被微软公司接受了，并且公司委任唐骏为该方案的负责人，这样唐骏就从一名普通的工程师变成了一个部门经理。唐骏在后来告诫他的员工，普通员工一定要站在老板的角度思考问题。同时最好能提出解决方案，这样才会受到重视。唐骏在取得小成绩之后并没有停滞不前，他在公司的发展战略中继续寻找着发展自己的机会。1998年，唐骏发现，在中国这个市场上，微软将有强健的发展趋势，于是努力学习各种相关知识，凭借自己的技术优势和管理优势，他得到了到中国上海去创办中国区技术支持中心的发展机会。在这里，唐骏用结果为自己人生价值增加了含金量。最开始，他手下没有一兵一卒，他亲自组织面试，第一批招收了27名员工，然后用这些员工迅速构建了"上海微软"最初的班底，经过努力，3个月后，微软公司上海站的管理系统初步建成，技术中心也开始运转；6个月后，唐骏领导的技术中心各项运营指标已大大超过别的地区而位居微软全球5大技术支持中心之首，唐骏也因此获得了微软公司内部的最高荣誉奖——比尔·盖茨总裁杰出奖。由于唐骏在业绩上的突出表现，一年之后，他领导的微软中国技术支持中心首获微软全亚洲的技术支持业务。唐骏成了微软亚洲技术支持中心的杰出领导者。唐骏从一名普通的职员到最后被别人尊重，主要是他用自己骄人的结果作为后盾来证明自己的实力和价值。在职场上，只有不断地创造结果、提升业绩，才能做到名副其实，那些只会摆花架子而没有真本事的人，是无法赢得别人永远的尊重与赏识的。任何看起来华丽但事实上却没有实际用处的外在的东西，是不能证明我们的内涵和价值的，要证明自己的能力和价值，要想取得别人的尊重和事业上的成功，是只有靠真本领才能取得的。

在市场竞争如此激烈的今天，其实，能力和价值的代名词也就是结果，因为老板往往是通过业绩来衡量他的职工是否拥有能力。在市场化的今天，一个公司的领导人，首先考虑的就是自己的公司能否在竞争如此激烈的社会中生存下去，怎么才能在这种激烈竞争中发展下去，他们关心最多的就是公司利润的增长。因此，老板认为优秀的职员，一定是那些能为公司的生存和发展带来利益的员工。结果是检验一切的标准，能为公司带来发展的职工是公司最宝贵的财产。如果一个企业想要长期发展，仅仅依靠员工的忠诚和激情是不够的。也许有人会注意你在工作过程中的酸甜苦辣，但如果你的付出不能带来实际的效益，那么对很多人来说，这种荣誉是不会给予你的，因为那些为公司创造业绩的英雄们才是人们更为关注的对象。台下三年功，台上三分钟。你出类拔萃，获得大家一致的认同，你就是冠军。只有这时，你才有资格去谈论你过程中的酸甜苦辣，也只有这时你的能力才能被大家赞同。

05

不要把问题丢给别人
——提高尽职尽责的自觉性

每一个人都应该对自己的行为还有所处的工作负起责任来，而不要把问题丢给别人。美国总统杜鲁门在自己的办公桌上挂了个牌子，上面写着"问题到此为止"。这个意思也就是说要负起责任来，自己的责任自己负担。

在大多数情况下，对于那些很容易解决的事情，人们往往很愿意去负责任，因为这样的责任好负，而对于那些有难度的事情很多人却想推给别人，这种想法常常导致我们工作的失败。在工作中，很多人总是想在付出最少的情况下得到的更多。如果我们能多花些时间，仔细考虑一下，就会发现，在人的因果法则中，对于不劳而获这种情况给予了首先的排除。有位小伙子，名叫卡里，他在火车的后厢做刹车员，一天晚上，火车由于一场暴风雪的不期而至而晚点了，这场暴风雪使工作职员不得不在寒冷中加班，其他车厢的列车长和工程师对这场暴风雪很警惕，而卡里却在一直抱怨，他不停地想怎么才能在今晚逃掉加班，就在他想偷懒的时候，两个车站间有一列火车的发动机汽缸盖被风吹掉了，列车长不得不临时安排停车，而在此时，另外一辆快速车要换道，几分钟后就要从这一条铁轨上驶来。列车长接到通知就赶紧跑过来命令卡里拿着红灯到后面去，卡里心里还挺委屈，想着这么个大冷天还要在外面受冻，他想着后车厢还有一名工程师和助理刹车员，就笑着对列车长说："不用那么急，后面有人在守着，等我拿上外套就去。"列车长一脸严肃地说："一分钟也不能等，那列火车马上就要来了。""好的！"卡里微笑着说。列车长听完他的答复后急匆匆地向前部的发动机房跑去了，而卡里呢，他觉得风雪交加的，耽误会儿也没事，而且后车厢里有一位工程师和一名助理刹车员在那儿替他扛着这件工作呢，于是他没有立刻就走，他在车厢内喝了几口酒，驱了驱寒气，这才满意地吹着口哨，慢悠悠地向后车厢走去。当他走到离车厢十来米的地方，才发现工程师和那位助理刹车员根本不在后车厢，他们已经被列车长调到前面的车厢去处理别的事情了。他立刻意识到问题的严重性，加快速度向前跑去，但是，一切都晚了，可怕的事情发生了，那辆快速列车的车头撞到了卡里所在的这列火车上，受伤乘客的叫喊声与蒸汽泄漏的嗞嗞声混杂在了一起。这场车祸让很多乘客受伤，事后人们去找卡里时，发现他已经消失了，又过了两天人们在一个谷仓中发现了他，而他已经疯了，他走着喊着"不应该这样，不应该这样，我本应该……"在这个故事中，卡里用活生生的例子告诉了我们，回避问题、逃避责任并不能使问题得到解决；相反，还可能因拖延而使问题变得更严重，所以只有人们善于担负责任、积极面对，勇于行动才是最终的解决之道。

在工作中难免会遇见扫兴的事，有时候也会觉得做起事情来不是很顺手，可如果每当事情不能如愿时，我们的第一反应就是怨天尤人，不断地发牢骚，找出各种各样的理由来发泄自己的情绪，来为自己找各种各样的理由来证明责任不是自己的，都是由于别人的原因才让自己的事不顺、不成的。事实果真如此吗？如果自己没有责任，为什么偏偏自己会遇上这么多事？不分青红皂白地去埋怨别人是没有理由的，如果你是一个有担当的人，是一个勇于承担责任，不愿意随便把自己分内的事情留给别人去做的人，如果你是一个一遇到情况就从自身找原因的人，那么生活中也好，工作中也罢，会少许多麻烦。公司给我们工作，就是为了让我们真正地为公司谋利益，公司就是希望我们能够如他们所愿，能够主动去遵守公司纪律，主动承担责任，而不是希望我们在工作中攀比拖拉。

不管是在生活中，还是在工作中，要是想发挥出更大的工作潜能，要想把工作做到更好、更出色的地步，秉持"问题到此为止"的态度是很必要的。众所周知，日本国土资源虽然有限，但是他们却用商业武器蚕食着世界各地的市场。他们之所以能让自己的产品遍天下，就是因为在这个过程中很多日本商界精英都是本着自己的事情自己做，问题到此为止的精神。

20世纪70年代，日本的索尼彩电在日本已经很有名气了，但是在国外，索尼彩电被接受的程度并不强，所以索尼彩电在国外的销售额相当惨淡，索尼公司几经考虑，准备再找办法提高在国外的销售额。在索尼公司，有一个叫卯木肇的精英，担任了索尼国际部部长。上任不久后，他被派往芝加哥，当他来到芝加哥的时候，他发现在当地的寄卖商店里，索尼彩电上蒙满了灰尘，无人问津。卯木肇面对这种情况，陷入了沉思：如何才能改变这种既成的印象，改变销售的现状呢？一天，他驾车去郊外散心，在回来的路上，他看到一个牧童赶着一头脖子上系着铃铛的大公牛进牛栏，铃铛在夕阳的余晖下叮叮当当地响着，在这头公牛的屁股后面跟着一大群牛，温顺地鱼贯而入。这种情景令卯木肇一下子茅塞顿开，他心情格外开朗，一路上吹着口哨回去了。其实，那么一大群牛能被一个小孩管得服服帖帖的，其实就是因为牧童驯服了带头的公牛。如果索尼公司也能在芝加哥找到这样一只"带头牛"的话，那么现在这种糟糕的局面不是很快就能被打开了吗？卯木肇最先想到了芝加哥市最大的一家电器零售商——马歇尔公司。为了尽快见到马歇尔公司的总经理，卯木肇第二天一大早就去他办公室拜访，但是他递进去的名片却被退了回来，总经理秘书说经理不在。他向公司职员打听得知总经理一般下午四点钟会在公司，那时候也不是很忙。第三天，他特意等到下午四点钟去求见，但回答却是"外出了"。他一连来了好几天，马歇尔公司的总经理终于被他的诚心所感动，接见了他，但是却拒绝接受索尼的产品，并且说索尼的产品降价销售，形象也差。卯木肇恭敬地听着经理的意见，并一再地表示会立即着手改变商品形象。等回到寄卖店，卯木肇立即取回货品，取消削价销售，并且在当地报纸上重新刊登大面积的广告，重塑索尼形象。等做完了这一切，卯木肇又去拜见马歇尔公司的总经理，可得到的答复却是：索尼的售后服务太差，无法销售。卯木肇听到这些，并没有不耐烦，而是立即成立索尼特约维修部，全面负责产品的售后服务工作，重新刊登广告，并附上特约维修部的电话和地址，注明24小时为顾客服务。可当他做完这些去拜见马歇尔公司的总经理时，又被遭到拒绝。屡次遭到拒绝，但是卯木肇并没有轻易放弃，他觉得做不好这些事情，就是自己没有尽力，自己被公司委任为索尼国际部部长，就应该为公司负起责任。他继续想办法改变现在的这种局面：他让他手下的员工每人每天向马歇尔公司拨5次电话询购索尼彩电，马歇尔公司被接二连三的电话搞得晕头转向，以致员工误将索尼彩电列入"待交货名单"。这件事情，使他们的总经理大为恼火，他实在忍不住内心的火气，便主动召见了卯木肇，可一见面，他就大骂卯木肇扰乱了公司正常的工作秩序，而卯木肇却一直耐心地听着，等到总经理发完脾气，他对总经理晓之以理、动之以情："我几次来见您，是为了我们公司的利益，但同时这也能为贵公司带来巨大利益。索尼彩电在日本国内最畅销，如果能在此地打开销路，一定会成为马歇尔公司的摇钱树。"在卯木肇反复劝说下，总经理终于同意试销2台，不过，条件是：如果一周之内卖不出去，立马搬走。为了能顺利的卖掉这两台彩电，卯木肇亲自挑选了两名得力干将，把百万美元订货的重任交给了他们，并要求他们破釜沉舟，如果一周之内这2台彩电卖不出去，就不要再返回公司了。在卯木肇的压力下，两人果然不负众望，当天下午4点钟，两人把彩电卖了出去，马歇尔公司又追加了2台。至此，索尼彩电终于挤进了芝加哥的"带头牛"商店，之后，到进入家电销售旺季的时候，在短短一个月的时间里，索尼彩电竟被卖出700多台。索尼和马歇尔公司也都从中获得了巨大利益。

在每一个企业里，都有很多业务人员会被派往到外地去开拓新市场，如果他们都像卯木肇那样，把什么事情都揽到自己身上，自己先负起责任来，只找方法不找借口，如果每个人都这样，又怎么能不取得成绩呢？失败的人之所以会失败，是他们经常找种种借口来原谅自己，糊弄自己的工作。而成功的人，头脑中只有"想尽一切办法"，"问题到此为止""不把问题推给别人去做""自己自觉遵守公司规定"这样的想法，在他们心中，问题就是他们的责任。

06

责任心是金
——职场容不得半点不负责任

　　一个人有了责任心，他的心灵就会像火炬一样光明，他的形象才会像山一样坚不可摧。古今中外，这样的事例举不胜举。1920年，美国有个11岁的小男孩在踢足球时，不小心打碎了邻居家的玻璃，邻居向他索赔12.5美元。他把这件事情告诉了他的父亲，他的父亲借给他12.5美元，让他为自己的过失负责，但是这个父亲同时告诉他，这12.5美元他必须在一年后还给父亲。小男孩虽然当时心里极其不情愿，可是看到邻居，总觉得打坏人家的东西就要赔给人家，于是他就要了父亲的这12.5美元。小男孩从此就开始了他的打工生活。经过半年的努力，他终于挣够了12.5美元，然后把钱还给了父亲。这个父亲很欣慰地笑了。这个男孩就是后来成为美国总统的罗纳德·里根。他在回忆这件事的时候说，父亲就是想让他通过自己的劳动承担过失，让他明白了什么是责任，父亲从小的训练让他终于成为一个知道如何去负责任，如何用自己的责任心去取得成功的人。大连市有位普通的巴士司机叫黄志全，他在行车途中心脏病突发，在生命的最后一分钟里，他做了三件事：把车缓缓停在路边，用最后的力气提起手动车闸；把车门打开，请乘客安全地下车；将发动机熄火，确保车辆与乘客的安全。做完了这三件事，他趴在方向盘上停止了呼吸。这是一个极其平凡的人，但这也是一个极其伟大的人，他只是一个普通的老百姓，但他用他的普通和他的生命告诉了我们一个道理：一个人要保持对职业的敬重、忠诚与尽心尽职，这种忠诚和尽心尽责不能只用在自己感兴趣的事情上，而要对自己做的每一件事情上，这样自己的价值才能发挥到最大，在人生的旅途中，要做一个有责任心的人，让责任心为我们保驾护航，这样我们才能踏上成功之路。

有这么一则小故事：两个人在交接一根针时，不小心把针掉在了地上，五个国家的人对于寻找针有五种不同的方法：德国人做事非常严谨，他们在掉针的地方分了很多方块格子，然后按着地上的格子，一个一个地去寻找，最后把针找到了；法国人非常浪漫，他们凭借灵感，一边喝着香槟，一边吹着口哨，等到灵感一来，他们愉快地找到针；美国人性格开放，不拘一格，他们找来一个扫把，把地给扫了一遍，然后在扫拢的一小堆物品中找到针；日本人做事时讲求合作，他们几个人商量着一起找；中国人则不同，他们首先想到的不是如何去找针，而是想这个针应该由谁来找，他们相互推卸责任，交针的人说："我交给你，你为什么没拿好。"接针的人说："你为什么不等我拿好了再松手。"结果吵得一塌糊涂。这只是杜撰出来的一个故事，但在这个故事中也折射出一些做事的态度来。富有责任心的人，在遇到问题时，首先想到的是如何解决问题，不管他们采取什么方法，他们的目的都是要解决问题；而没有责任感的人，在遇到问题时，相互责怪和推诿，这样做的结果就是：问题到最后还是问题，这样相互推诿，不但耽误了解决问题的时间，还伤了和气，这样对解决问题没有起到丝毫的正面作用。

一家服装厂要订购一批羊皮，服装厂选定一名业务员去和羊皮厂家谈判，谈判完，他在合同中写道："每张大于4平方尺、有疤痕的不要。"在合同中，那个顿号本应该是用句号，结果导致羊皮供货商钻了空子，发来的羊皮都是小于4平方尺的，这就使订货者哑巴吃黄连，有苦说不出，损失惨重。旧金山的一位商人给一个萨克拉门托的商人发电报报价："一万吨大麦，每吨

400美元。价格高不高？买不买？"萨克拉门托的那个商人原意是要说"不。太高"，可是在电报里漏了一个句号，就变成了"不太高"，结果这个小小的句号一下就使他损失了几十万美元。这些粗心、懒散、草率等行为，正是工作不负责任的种种表现。有许多职员在职场中也正是因为粗心马虎而丢掉了工作。作为一名员工，对于自己应该做的事情，一定要保质保量地完成。不要以为自己不做别人会来替自己做，不要以为自己不负责任不会被人发现，不会对企业有什么影响；也不要只注意数量而不在意质量，草草地完成数量任务，这样的做法只会导致让你被公司淘汰。如果你总是抱着"没什么大不了，用不着那么较真"的想法，不管你的条件多好，你有多么梦想成功，成功也会离你越来越远，因为你的这种不负责的态度，随时都会给单位造成不可估量的损失。作为企业或者公司的一员，员工就有责任在任何时候维护企业的利益和形象。

责任是不分大小的，对工作中出现的任何小问题的忽略，都可能使一个百万富翁顷刻间倾家荡产，对工作中出现的小细节的注意，也可能为一个公司挽回数以千计的损失。下面的这个例子再一次说明了在职场中，容不得半点的马虎大意，任何的马虎大意都可能为公司、为企业带来不可挽回的损失。第二次世界大战后，在英国，由于食用油的严重匮乏，人们很难吃上油煎鱼和炸土豆。当时，有一位政府官员坐飞机视察了英国的非洲殖民地坦噶尼喀，认为那里是种花生最理想的地方。他考察完后向政府汇报了自己的想法，政府听到他的建议后便兴冲冲地投资6000万美元在那片非洲的灌木丛中开垦出1300万公顷的土地种花生。可是在这位官员考察非洲殖民地的时候，没有注意到当地的灌木是非常坚硬的，大部分的开荒设备坏掉，这导致在开发的过程中，工人花了很大功夫才开出了原计划十分之一的土地。工人在开发过程中，除掉了一种野草，可这些野草能保持土壤的养分，除掉它就破坏了生态平衡，花生种子如果不在开发后及时种上，光秃秃的新土就会被风刮走，或被烈日灼烤而丧失养分。英国政府原计划在这片新垦地上一年就要生产60万吨花生，可是到头来总共只收了9000吨。当时负责开垦的最高领导看到这种情况，又改种大豆、烟叶、棉花、向日葵等。可是在那被破坏的非洲土地上，这些作物仍然是一根难扎。英国政府终于在1964年终止了此项计划，可这项计划给英国政府造成了8000多万美元的损失。在考察过程中，如果这个政府官员能够更负责任一些，多用些时间去为这项计划做准备，那么就不会让英国政府为此付出沉重的代价了，在工作中的任何不负责任，都可能导致工作结果"差之毫厘，谬以千里"。

07

大公司的小规定

——细节体现责任，责任决定成败

很多优秀的大公司都有许多小规定。有一次，山姆在一家世界500强公司谈事情，谈完将要出门时，部门经理一边说"等一下"，一边把办公桌上刚给山姆看的资料、模型等物归原位，山姆不明白，就问这位主管，这些事情为什么非要自己做，这位主管说公司一直以来都有一项"一分钟桌面清理"的规定，这项规定要求每位职员在离开办公室之前，必须要保证办公桌的清洁整齐。其实，许多大公司都有诸如此类的小规定，他们也许不会把规定写在纸上，但这种风气，一旦养成，就会弥漫在整个公司的空气里。在奢侈品公司工作的朋友曾这样来形容：从头到脚，如果没有一件带有本公司产品logo的东西，就像少穿了一件漂亮衣服，或者像迷失的羔羊，这种失落感和孤立感是没办法形容的。只要规定能形成一种风气，还是能得到职工的理解的。而这些大公司之所以成为大公司，正是因为贯彻了无数小的规定，它们于细节之处建立起磅礴大业，等时间长了，这些规定也就成了公司文化的一部分了。

凡事学会在细节上下功夫，是一个人具有责任心的最好体现。责任无小事。每一项工作都是由很多件小事构成的，如果对于这些小事也能做到不敷衍应付，轻视责任。在工作中，不疏忽每一个小细节，你的上司才会满意，你的客户才会少很多这样那样的麻烦，从而为公司带来盈利。浙江某地用于出口的冻虾仁被欧洲一些商家退了货，并被要求赔款，这主要是因为欧洲当地检验部门从1000吨的出口冻虾中查出了0.2克氯霉素。退货后，该公司经过自查，发现在加工的环节上出了问题。现在，由于技术原因，剥虾仁还是要靠手工，一些员工在剥虾仁时，由于工作时间长，手痒难耐，他们就会用含氯霉素的消毒水止痒，而这种消毒水里带的氯霉素在不被注意的情况下带入了冻虾仁。这起事件引起不少业内人士的关注。

有人认为这是质量壁垒，1000吨的虾中只有0.2克氯霉素，这样的含量已经细微到极致了，而且不会影响人体，这些都是欧洲国家对农产品故意设置的质量壁垒；有人认为这主要是国内农业企业员工的素质不高造成的，如果他们能够做到完美，即使是有质量壁垒，又有何妨；有些人认为这是技术壁垒，由于我国这方面的技术还落后于欧洲国家，我国企业和政府有关质检部门的安全检测根本检测不出这批冻虾仁中这么细微的有害物，从而导致被退货。然而，不管这件事情的具体原因如何，我们都要从这件事情中吸取教训：无论多么微小的错误，那也是错误，特别是在职场，不管多么小的失误，都会给对方抓到把柄，造成经济上的巨大损失。

这里还有一件这样的示例：1994年底，一位大学教授在使用计算机执行数学运算时，发现奔腾芯片在执行复杂的数学运算过程中精确性有些问题，于是他向英特尔公司报告其发现的这一异常。但是当时英特尔公司的主管人员对其产品极有信心，于是很有礼貌回绝了教授的好意。这位老教授觉得可以通过因特网去求证他遇到的这一问题，于是在网上引发了近万条讨论信息，这些讨论当然也包括一些尖刻的笑话，例如："问题：为什么英特尔公司将奔腾芯片命名为5867。回答：因为英特尔公司在第一块奔腾芯片486上加上了100，得到的答案是585.999983605。"这场讨论引起了媒体的广泛报道，而媒体的报道对于英特尔公司来说简直是毁灭性的，这些报道中有这样一些标题："英特尔公司……芯片业中的埃克森（Exxon）""英特尔公司在奔腾政策上完全转变了""耻辱"，以及"英特尔公司将更换它的奔腾芯片"等。这些报道给英特尔带来了很大的麻烦，据统计，英特尔公司在其收益中冲销了4.75亿美元。与此同时，成千上万的因特网的使用者英特尔公司不再信任，他们相互传着许多嘲讽性的话语，如"我们认为够接近正确答案了"，"你无须知道内置的是什么"等。而更让英特尔公司值得反省的是，当公司主动提出更换芯片时，很少有用户肯接受，估计仅有1%～3%的个人用户（个人用户购买的装有奔腾芯片的电脑占2／3）更换了芯片。其实引发这场危机的根本原因，是英特尔公司将一个公共关系问题当成一个技术问题来处理了。作为英特尔公司的首席执行官，安德鲁·格罗夫在后来的回忆中说："对一些人来说，我们的政策既傲慢又粗暴。我们为此感到抱歉。"英特尔公司在此事件上的失利反映了这样一个问题：一个企业在社会上塑造一个品牌十分困难，而一个品牌却可以在一瞬间被砸掉，尤其是在这个资讯高度发达的社会，任何一个公司的行为特别是一些负面行为都可能透过媒介迅速传播开去，如果企业的公众形象出了问题，却不能及时解决，那么多年来的辛苦经营就可能毁于一旦。类似的事例还有很多：1996年6月9日，比利时可口可乐公司提供的可乐导致当地人中毒的事件，让被称作全球饮料行业第一品牌可口可乐公司这么一个实力雄厚的公司在一刻间几乎"倾家荡产"，其原因就是当初客户反映的一个小小的包装污染问题没有引起重视。在这次中毒事件出现之前，可口可乐公司的一个客户发现可口可乐外包装不合格，不经过检测，就能闻到外包装上的强烈刺鼻味道，于是他向公司提出了更换外包装的意见，可是他的意见并没有被接纳，结果导致了这次悲剧。

责任无小事，工作无小错。在现代这个技术、经济迅猛发展的社会，现代企业经营已经进入微利时代，公司投入大量财力、人力为的是赢取几个百分点的利润，而在此期间，公司员工的任何一个人对细节的疏忽都足以让公司有限的利润化为乌有。在现代职场中，客户的要求也很重要。顾客就是上帝，客户的事再小也是事，客户是否对公司百分之百满意与公司的利益是紧密联系在一起的。每个客户都希望自己受到重视，自己的消费得到回报，所以你的任何小的疏忽都会造成客户的不满，甚至可能产生十分严重的后果。"细节体现责任，责任决定成败"，不管是公司还是个人，都要在细节上下功夫，细节工作做得好，自然会在大是大非问题上保持清醒，而一个人或者一个公司连小事情都做不好的时候，对于大事情就更不可能做成功了。优秀的员工应当树立危机意识，认真细致地对待自己的每一项工作，做好工作中的每一个细节，不在自己的工作中留下任何疏漏和祸患。

第八章

执行力代表着
你的工作能力

01

要明确自己的工作职责

——做好分内的事责无旁贷

要想把属于自己的工作做好，不但要有过硬的工作本领，而且还要明确自己的岗位职责，只有我们知道了做什么，才能知道怎么做，才能知道怎么去把它做好。

一个聪明的员工，一个善于工作的员工，大多是对自己工作职责把握比较准确的员工，一个公司就像一个复杂的机器，每一个部门，每一个员工就是构成这个机器的一个个零件，无论这个零件大小，都有其不可替代的作用，任何一个零件出了问题，这个机器不是运转缓慢，就是无法正常工作。作为一名合格的员工，我们首先要了解的就是自己的工作，要明确自己该做什么，在什么时候做，用什么方法去做，只有明白了这一点，才能在自己的工作中游刃有余，少犯错误。如果不明确自己的岗位职责，不是想不到，就是做不到，有时候甚至是不该自己做的自己也做了，结果却帮了倒忙，还会受到他人的埋怨和领导的批评。

蒙牛集团是我国一个大型的乳制品生产集团，我看过关于蒙牛集团创始人牛根生有过这样一段访谈，当主持人问牛根生："面对这样一个庞大的企业，您是怎么样去进行管理的"，牛根生回答得很简洁："让每个人知道做什么，让每个人知道怎么做"，虽然是一句简短的回答却给我讲了一个很深刻的道理，那就是作为一名员工，明确自己的岗位职责十分重要。牛根生接着讲了一个小故事：说的是几年前的一个事情，那时候公司进来了很多年轻人，其中有一个年轻人工作能力很强，工作热情也很高，在面试的时候给牛根生留下了很深刻的印象，因此牛根生把他安排在了一个很重要的岗位，但是没过多久牛根生就得到了一些关于这个年轻人不好的消息，就是这个年轻人工作热情很高，但就是不知道自己应该去做什么，属于自己的工作总是做不好，而且还总是越俎代庖，做一些不属于他的事情，从而导致这个部门的工作效率低下，影响了大多数人正常的工作，牛根生知道这个情况后主动找这个年轻人谈了一次话，牛根生对这个年轻人说自己年轻的时候也是这样，总觉得自己精力充沛，在公司里什么都想管一管，当然这种积极性和上进的工作精神是值得肯定的，但这种工作方法是错误的，在公司里各种各样岗位的设置都有它的必要性，作为一个员工要想有所进步，首先要守住自己的一亩三分地，首先把自己的工作做好，只要这样，你才能得到同事的认可和领导的肯定，要是不明白自己的岗位职责，眉毛胡子一把抓，不但自己的工作做不好，而且也会影响到别人的工作和全面工作的整体进度。这个年轻人听了这番话后回去做了一次认真的个人总结，新的一周上班后，他的状态发生了质的变化，对待自己的工作兢兢业业、一丝不苟，把自己的工作处理得井然有序，很快他的成绩得到了全公司人的认可，他的职位很快得到了提升，如今这名年轻人已经成长为公司的主要领导人之一，试想如果这个年轻人不及时调整自己，及时地去明确自己的工作职责，要想取得今天的进步是根本不可能的。

如今蒙牛集团还在以极高的速度在不断地发展壮大，但是牛根生对自己公司的管理理念还是没有变，在他的公司基本的管理理念只有十个字，那就是：服务、协调、指导、监督、考核。

服务——上级为下级服务、机关为基层服务、上道工序为下道工序服务、员工为客户和消费者服务，没有了这些服务，这个社会就可能无法正常运转。协调——协调企业与政府、企业与兄弟单位、企业内部门之间、员工之间的关系。指导——整体上的指导、业务指导，当教练不当运动员，不越级管理，任何一个单位一旦失去了协调，就会变成一盘散沙，杂乱无章。监督——对下属部门和人员进行全方位、全过程的监督和检查。考核——实行全员、全方位考核，并同工资挂钩，监督的缺失会导致我们的工作在一个自由的状态下运行，就会导致整个工作的混乱。这十个字看起来简单，但是里面蕴含的管理科学却十分的丰富，仔细分析这十个字我们可以发现基本的思路还是要企业的每一名员工明确自己的工作自责，各个部门紧密配合，高效地完成自己的工作。而员工是一个公司的最小工作单位，就像我们身体的一个个细胞，每一个员工工作的好坏直接关系到整个企业的发展，因此一个企业在考核一个员工是否合格的时候，首先要看的就是这名员工在规定的时间内是否保质保量地完成了自己该做的工作。

02

拒绝懒惰和拖延

——一旦开始，结果在即

不守纪律的人没有执行力，常常将前天该完成的事情拖延敷衍到后天。今天事情拖到明天做，今天该完成的任务留一些给明天，今天应该通知到的人要么不通知，要么留几个到明天通知，这个月应该达到的销量下个月完成，诸如此类，这些都是懒惰和拖延的表现。

懒惰和拖延是员工应该克服的大敌，缺乏纪律观念的员工最容易养成这样的坏习惯。工作中，有许多重要的事情，不是没有想到，而是不愿立刻去做，时过境迁，渐渐地就淡忘了。处于竞争中的公司和个人，都如在逆水中行舟一样，不进则退。

只有投入，思想才能燃烧，一旦开始，结果在即。诸如"再等一会儿""明天开始做"这样的语言或者这种心理意念，一刻也不能在我们的心里存在。

公司不需要平庸的人，你应该清楚地认识到这点。任何时候，当你感到自己有一丝懒惰之意，面对工作不想动手的时候，你都需要想到纪律的警钟，让自己稍事休息，马上就行动起来。

许多员工总是要等到所有条件集合了以后才开始做事，然而，他们不知道，好条件不是靠等来的，而是靠自己积极去争取的。工作中也很少万事俱备，只等你做的时候，所以，完全不可能等到所有条件都满足了再去行动。

接到新的任务，就立即切实地行动起来。马上列出自己的行动计划，立刻行动！从现在就开始，立即去做自己一直在拖延的工作，如此一来，我们就会发现拖延时间毫无必要，而且还可能会喜欢上自己原本拖拖拉拉不想做的这项工作，从而不想拖延，逐步消除拖延的烦恼。

拒绝懒惰和拖延，就应该用行动去创造条件，只要行动起来，哪怕是很小的事情，哪怕仅仅开始了五分钟，也是好的开始。要学会利用既有条件，创造条件，即使在现有工作环境中，既有条件下，我们同样可以把事情做好，把结果完美拿到！一个好的开始就会带动我们行动起来去完成很多事情直到达成结果。

其实，懒惰不仅无法让人放松；相反，却使人心力交瘁，能拖就拖的人心情总是无法释然，该做未做的工作始终给他一种压迫感。拖延不仅不能省下时间，还会让人疲于奔命。拖延还会消磨人的意志，使你对自己越来越失去信心，怀疑自己的毅力，怀疑自己的目标，甚至会变得犹豫不决。

梦英是某电脑公司的员工。刚参加工作时野心勃勃，一心想用结果证明自己的实力，下决心要做到公司的高层领导位置。刚开始时，也确实不错，她提出来许多富有头脑的想法，并且也做了详尽的安排。

但是她就有一个毛病，做事拖拉。每当开始工作时，她总是想着，先看看新闻再做也不晚，等到新闻看完了，又想休息一下再做。最后又想起了其他什么事情，总之她的任务总是被排在了最后，等到想起来要做的时候，又到了下班的时间，没有时间做了。于是一天就在这样的拖延中度过，日复一日。

直到公司领导找到她，催促她要交她的绩效报表，她才终于下定决心要把她的规划实施，但是已经来不及了。就这样过了一年，什么结果也没有做出来。本来被认为是公司有潜力的升职员工，但是由于她做事拖延没有结果，只好搁浅了。渐渐地，领导也对她不再重视。

作为一名成熟的员工，任何时候都不要自作聪明地设想工作完成的期限会按你的计划往后延。优秀的员工都会谨记工作期限，时刻将纪律牢记于心，用纪律的威力去克服懒惰和拖延。

在老板的心中，最理想的任务完成方式是：不要让今天的事过夜，不要拖延，今天的事今天完成。如果你存心拖延逃避，你就能找出成千上万个理由来辩解为什么事情无法完成，而对事情应该完成的理由却想得少之又少。

当你面临着一件比较复杂的工作的时候，让你不知道从何处下手，因此你陷入拖延的困境中。但是你不能总以懒惰和拖延来逃避，这样的结果最终会导致你的平庸，不要把"事情太困难、太昂贵、太花时间"等种种理由合理化，而要坚定"只要我们更努力、更聪明、信心更强，就能完成任何事"这样的信念。

假如你拖延和懒惰，结果绝不会来找你，你也绝不能抓住结果。工作迟早都要去完成而有一个结果，与其拖延，不如立即行动。在行动中去思考办法，再结合其他一些工作技巧，比如时间计划表，分类完成表，等等，一部分一部分地做，也许你会豁然开朗，一下子就把任务搞定。

拖延是一种相当累人的折磨，随着完成期限的迫近，工作的压力反而与日俱增，这会让人觉得更加疲倦不堪。虽然拖延的原因有很多种，如懒惰、畏难等，但不守纪律却是最本质、最内在的原因。如果要克服拖延，避免拖延带来的恶果，就应该从守纪律做起。毕竟，撤掉恶习滋生的温床乃制胜的根本之道。

只有投入，思想才能燃烧，一旦开始，结果在即。绝不懒惰和拖延，立即行动起来！

03

对待工作要不折不扣

——落实到位是一种工作能力

在我们接受了上级下达的任务之后，我们下一步要做的就是立即执行，不折不扣地把工作任务落实到位。

员工一旦接受了上级的任务就意味着做出了承诺，就意味着自己要完成这项任务。一旦我们无法兑现自己的承诺的时候，是不应该找任何借口和理由为自己开脱的，因为很多时候，我们的上司更加注重的是结果，而不是过程。所以，要完成上级交付的任务就必须具有强有力的执行力，使工作任务不折不扣地落实到位，这就对每一位员工提出了更高的要求。

喜欢足球的人都知道，德国国家足球队向来以作风顽强著称于世，因而在世界赛场上屡创佳绩。在我们看来德国足球成功的因素有很多，我们能说出很多理由来证明自己的观点，但有一点是至关重要的，那就是德国队队员在贯彻教练的意图、完成自己位置所担负的任务方面执行得非常得力，非常到位，即使在比分落后或全队困难时也一如既往，始终如一，你可以说他们死板不知道变通、机械而缺少灵活，也可以说他们没有创造力，不懂足球艺术，踢不出好看的比赛来。但成绩能说明一切，至少在这一点上，作为足球运动员，他们是优秀的，他们取得的荣誉是毋庸置疑的。无论是足球队还是企业，一个团队、一名队员或员工，如果没有完美的执行力，就算有再多的创造力也可能没有什么好的成绩。

还有一个例子也能很好地证明这一点。锋士·隆巴第，他是美国橄榄球运动史上一位伟大的橄榄球队教练，在他的悉心调教下，美国绿湾橄榄球队成了美国橄榄球史上最为可怕的球队，创造出了令人难以置信的战绩。看看锋士·隆巴第的言论，能从另一个方面让我们对执行力有更深刻的理解。

锋士·隆巴第总是这样告诉他的队员："我们的目标只有一个，就是不惜一切代价去取得胜利。如果不把我们的目标定在非胜不可，那我们就失去了比赛的意义了。不管是打球、工作一切的一切，都应该树立非胜不可的信念。"

这支球队正是有了这种坚强的意志和顽强的信心，在这种信念的感召下，绿湾橄榄球队的所有队员都拥有了不折不扣的执行力和战斗力。在比赛中，他们的脑海里除了胜利还是胜利，因为他们坚信最终的胜利者就是自己。对他们而言，胜利就是目标，为了目标，他们奋勇向前，锲而不舍。

巴顿将军在他的战争回忆录《我所知道的战争》中曾写到这样一个细节。

"要提拔人时常常把所有的候选人排到一起，给他们提一个我想要他们解决的问题。这样我就能很直观地做出比较和判断了，我说：伙计们，我要在仓库后面挖一条战壕，8英尺长，3英尺宽，6英寸深。他们过了几分钟后开始议论我为什么要他们挖这么浅的战壕。他们有的说6英寸深还不够当火炮掩体。最后，有个伙计对别人下命令：让我们把战壕挖好后离开这里吧。那个老家伙想用战壕干什么都没关系，我们任务就是挖战壕，我们没必要去知道他的心思。"

最后，巴顿写道："结果那个伙计得到了提拔。我必须挑选不折不扣地完成任务的人，因为战争是残酷的，执行力很差的人，注定要在战争中丢掉性命。"

无论干什么工作，都需要这种可以有疑问，甚至有抱怨，但必须不折不扣地去执行落实的人。

一个最优秀的执行者，必定是不折不扣执行完所有任务的人；一个崇尚

"完美执行"的人，必然是最优秀的执行者！他会把交给他的每一项任务都做得十分的完美。

曾经看过这样一个小故事：

一个替人割草的男孩打电话给王太太说："您需不需要割草？"王太太回答说："不需要了，我已有了割草工。"

男孩又说："我会帮您拔掉花丛中的那些杂草。这样你的花丛就会更加的漂亮。"王太太回答："我的割草工也做了。"

男孩又说："我会帮您把走道边的草割齐，这样你的整个花坛就会显得格外的整齐。"王太太说："我请的那个人也已经做得很好了，还是要谢谢你，我不需要新的割草工人。"男孩就挂了电话。

这个时候，男孩的室友十分不解地问他："你不是就在王太太那儿割草打工吗？为什么还要打这电话？"男孩说："我之所以要打这个电话，就是想知道我做得有多好！"想知道我还有没有需要改进的地方。

看到这儿，我们不禁会为小男孩这种认真负责的态度所折服，小男孩从事的工作是一件再简单不过的工作，但是小男孩却那样认真地对待自己的工作。

这个最求精益求精的小男孩告诉了我们一个道理：我们的态度决定了我们自身的价值！

让自己从现在起做一个完美的执行者吧！当我们经历过艰辛与困惑之后，我们就会发现，不折不扣地执行是我们事业成功的前提。

04
帮助自己做决定
——主动给自己树立目标

"心有多大，舞台就有多大，心有多远，你在职场上就能走多远"。爱岗敬业，忠于职守，并不代表自己就要永远固定于某一个特定的岗位，更不是说要安于现状，不思进取。恰恰相反，爱岗敬业的优秀员工会有自己的职业目标规划，会把不断进取，提升自己的能力的机会牢牢把握。他们有目标，更有为实现目标而采取的行动。

不想当元帅的士兵不是好士兵，同样，从不给自己定目标的员工也不是好员工。目标是每个人事业梦想的有力支撑，有了目标，才能找到自己努力拼搏的方向。为了这个目标，才能真正享受进取过程中的快乐与期待，才会真正获得事业成功后的成就感与满足感。风向对于一艘没有航向的船只是毫无意义的，工作对于一个没有职业发展目标的人，也是毫无意义的。许多人一生平庸或是碌碌无为，主要是缺乏明确的工作目标。工作对他们而言，唯一的意义就是糊口。他们安于现状，得过且过，没有更高的追求，更不曾想到要在工作中寻找发展的机会。因为缺乏目标，他们对自己也就没要求，对自己的工作就更没什么要求，"只要过得去，差不多就行了"，这就是他们的工作态度。与这种"无所谓平常心"相应的，确是另一类员工的"野心勃勃"。他们不满足当下的工作，更不甘心自己当下的工作落后于人。他们有着强烈的好胜心与责任心，要做就一定做第一，工作中决不输给别人。为了争第一或是保第一，他们会想方设法把自己的工作做到令人无话可说，做到让人服气，所以，他们会去钻、会去想、会去做一切与工作相关的事。其目的只有一个：做到最好。这是一种真正的拼搏精神，这种精神令他们无往不胜，工作总是最出色的，业绩总是最棒的，同时，也是领导最信任与看重的。这样的员工，在任何企业，任何领导眼中，都是最受欢迎的员工。无论处于哪个岗位，无论做什么工作，他们都能把它做到最好，成为其他员工的典范。即便是别人眼中最普通的工作，到了他们手中，一样可以做到十分出色。正因为如此，这样的员工的机会也最多。"能者多劳"，因为他们负责认真，又能干，领导当然更愿意赋予他们更大的职责与任务。

小丽在一家公司当文员，每天就是负责整理、撰写、打印一些材料。在别人眼中她的这项工作不仅无聊，而且出不了成绩的工作，但是她对每一项工作做得异常的仔细认真。她认为工作好坏的唯一标准，就是看你做得够不够好。她的认真细心使她能从那些文件材料以及平常的观察中发现公司许多经营运作方面的问题，对于这些问题，她没有因为自己位卑言轻、职权所限而置之不理。相反，她开始借工作之便细心搜集资料，然后对所搜集的资料进行整理分类，并逐一进行分析论证，同时列出了自己的建议与意见。为了完善自己的"研究成果"，小丽趁着休息时间主动去充电以弥补自己管理经营方面知识的欠缺。等她把所有的材料准备充分后，她把这些写成了分析报告，然后她把报告交到了老板手中。老板起初没太在意，他觉得一个小姑娘，又不是在公司核心部门工作，不可能有什么好的建议，可是到后来，他越看越吃惊，越看越高兴，他没想到这个不起眼的小文员，居然可以将公司各方面的情况分析得这样细致，这样到位，能这么一针见血地指出公司在发展中存在的问题。他也没有想到，这个小职员在报告中不仅提出了问题，还相应地给出了建议。老板看完报告后，大胆采纳并完善了女孩的建议，并将其付诸实施，这些建议也取得了很好的成效。当然，女孩受到了奖励，从此脱颖而出，成了许多人眼里升职最快的"最幸运"的优秀员工。当小丽的同事问小丽面对着这些枯燥的事情她为什么没有心生厌烦，是不是有什么秘诀的时候，小丽说："在我心里，我一直给自己树立了一个目标，这个目标让我在工作中精神百倍，丝毫不敢懈怠，我就是想通过自己的努力来使自己有机会做别的工作，通过自己的努力证明自己的价值。"人们只看到小丽的升职，却很少了解她背后的付出，小丽能够脱颖而出与其说是她的幸运，倒不如说是她的勤奋与努力，而为自己树立目标又给她的勤奋和努力带来了动力。如果当初小丽仅仅把自己定位在一个普通文员身上，那么她怎么可能去花心思，花时间，花金钱来做那些看似无用的事情。更何况，对于一个文员来说，也不需要懂经营管理。而这被大部分人认为合情合理的事情，在小丽看来，这些人是极其短视的。她有自己的目标与方向，所以她能在普通的岗位上，普通的职务上，取得成绩，而这只是她事业的起点。

正像有人所说的那样，对工作有利的就是对自己有利的。目光放长远，把当下的工作做到最好，就是为自己下一步发展打下最扎实的基础。目标是激发潜能的动力源，要想在职场获得更大的发展空间，那就得不断地提高工作目标，提高自己职业规划管理能力。不满足于现状，把当下所做的一切，都视为下一步继续发展的必经之路，这也正是敬业者与混业者的重要区别之一。即便困难重重，为了自己心中的目标，敬业者也会全力以赴去克服，即便失败，也在所不惜。

而要树立切实可行的目标，就不得不注意几点：第一，要确保目标的明确性，要清楚给自己制定长期目标与近期目标。只有清楚自己的目标具体是什么，才会根据目标采取具体行动。否则，就容易产生偏差，甚至是劳而无功，就像南辕北辙的典故，越用功反倒离自己的目标越来越远。第二，目标要有现实可操作性。脱离了具体工作环境与个人实际条件，拟定的不可行的目标，那只能是梦想而非理想。理想是可以实现的，而梦想只能是空想。第三，实现目标要有合理期限，不要给自己开空头支票。第四，根据总体目标，细化成近期的易实行的具体目标。目标过于长远，容易让人失去信心。将目标分解成小目标，易于实现。第五，对目标保持专一性。人的精力与时间有限，目标过多、过于分散，不利于目标的实现。集中拳头，只打一点，更容易获取成功。第六，制定目标时，结合自己的特长与专业技能。人无完人，制定可执行的工作目标，一定要发挥自己的特长优势。想想乔丹退役后，改行当高尔夫球手的教训，就不难理解这一点。第七，贵在坚持。任何一项目标制定出来，如果没有坚持到底的信心与毅力，一切努力与付出都可能泡汤。成功与失败最终取决于实现目标的意志。职场成功人士，都有很强的自觉性，果断性，坚持与自制力。许多人最终不能成功，不是因为成功有多难，也不是工作有多么复杂艰巨，而是他们不能坚持到底，在成功的半路上当了逃兵。

05

没有执行力就没有竞争力
——越优秀执行力越强

执行力的强弱不但是一名员工是否优秀的标准之一，同样也是决定一个团队成败的重要因素，也是构成一个团队核心竞争力的重要环节。比尔·盖茨就曾坦言："微软在未来10年内，所面临的最大挑战就是企业员工执行力的培养。"当然，我们不可否认创意、战略及经营方式的重要性，但是这一切的实现都需要强有力的执行力作为保障，没有了执行，这一切也只能是空谈。执行力的强弱，又直接反映出这些创意和战略是否发挥出其应有的作用。只有自发执行，才是有效执行，才是真正的执行。

有三个人同时到一家建筑公司应聘，经过笔试、面试之后，他们从众多的求职者中脱颖而出，成为这家建筑公司的一名员工。人力资源部经理对他们说了一声"恭喜你们"后将他们带到一处工地。那儿有几堆摆放得乱七八糟的砖瓦。

这位经理告诉他们，他们进入公司的第一份工作就是将那些砖瓦码放整齐，面对经理分配下来的这个任务，三个人面面相觑，表示不解。甲说："我们不是被录取了吗？为什么把我们带到这里？"乙对丙说："经理是不是搞错了，我可不是来干这个的。"丙说："现在说什么都没用了，既然他让我们干，那就有他的理由。"丙说完就开始干了起来，甲和乙无奈之下也跟着干了起来。还没完成一半，甲和乙干活的速度就明显地慢了下来，但是丙却还在继续干着。

就这样，等到经理回来的时候，丙的任务差不多已经完成了，甲和乙完成的还不到一半。经理说："下班时间到了，先下班吧，下午接着干。"甲和乙听到这句话，如释重负地离开了工地，丙却坚持把最后十几块砖码齐了。回到公司，经理告诉他们，这是他们最后的一次考试，在他们三个人之中丙被录用了。

有些人像甲和乙那样，接到任务后总会找各种理由进行推脱，能不干就尽量不干，能少干就尽量少干。很多工作总是在领导的一再催促，甚至是苦口婆心下才能勉强把事情完成。他们做事总好像是有人在背后逼着他们去做一样，而且他们在工作的时候还总是不停地抱怨老板的苛刻与小气，埋怨社会的不公平，并在工作中想方设法拖延、敷衍，只是每天算着领薪水的日子，工作对他们来说就像是负担。这样的人必然不能得到领导的赏识和提升，甚至随时都可能处在失业的边缘。

具有自动自发工作心态的员工，有着对任务一流的执行力。他们会自觉加班加点，尽最大努力把工作任务完成，他们时刻都在考虑怎样尽善尽美地完成工作。他们不仅会圆满地完成任务，还会为老板考虑，自觉提供尽可能多的建议和信息。这类员工因此得到重用和提升，自然也就拥有比别人更多成功的机会。

布鲁诺和阿诺德同时在一家商店里上班，并且领着一样的薪水。工作了一段时间后，阿诺德受到老板的器重，布鲁诺却没有任何进步。布鲁诺对此感到委屈，终于向老板那儿发了牢骚，希望老板能给他一个合理的解释。

老板耐心地听他抱怨后，对布鲁诺说："你到集市上看看有什么卖的没有。"很快，布鲁诺就从市场上回来了："只有一个农民在卖土豆。""有多少？"老板问。布鲁诺又跑了回去，回来告诉老板："40袋。""价格呢？"老板又问。"您没有让我打听这个。"此时布鲁诺已经累得跑不动了。

"好吧，你休息一下，看看阿诺德是怎么做的。"于是老板把阿诺德叫来，吩咐他到集市上看一下有什么卖的。

阿诺德也很快从集市上回来了，他向老板详细汇报说："今天集市上只有一个卖土豆的，共40袋，价格是两角五分钱一斤。我看了一下，质量和价格都很好，给您带回来一个样品，另外我从这位农民那儿了解到西红柿的销量也很好，他车上还有一些不错的西红柿，要不您同他谈一下吧，他现在就在外面等着呢。"

这时，老板转向布鲁诺说："现在你知道究竟为什么阿诺德能很快加薪升职了吧？"此时的布鲁诺脸红地低下了头。

工作需要我们主动去完成，每个公司都希望得到能积极主动的员工，这些公司也都努力把员工培养成对待工作自动自发的人作为企业的主要培训内容之一。积极主动的员工往往具有很强的执行力，他能对上司分配下来的任务不折不扣完成的同时，还能就这个任务进行发散思维，从而把这个任务进行延伸，提前解决可能出现的新问题，进一步地提高工作效率，为公司创造更多的价值。

06

不仅要埋头苦干，还要抬头巧干
——找到适合自己的工作方法

在当今的社会，是一个充满竞争、充斥着机会与挑战的社会。受这个竞争激烈的大环境影响，企业的生存环境也总是处于各种困难和竞争之中。在这种残酷的环境中，每个公司必须时刻以增长为目标才能生存。要达到这个目标，公司员工必须与公司制订的长期计划保持步调一致，因此这也对我们每一名员工提出了更高的要求，在工作中不但要埋头苦干，还要抬头巧干，要想尽一切办法在在最短的时间内花费最少的成本为企业创造最大的效益。

要想成为一个适应于这个社会的合格员工，任何时候，你都不能满足现有的知识和现有的工作技巧，一味地"低头拉车"，这种不良思想，会阻碍你取得更大的成绩。一个因循守旧、停滞不前的员工，绝对不是为老板所喜欢的员工。但是，如果你能在"低头拉车"的同时，懂得"抬头看路"，把眼光放在远处，自我鞭策，主动学习，寻找最简单有效的工作方法，老板就会非常的欣赏你，认同你，接纳你，会在今后的工作中给你提供更多施展才华的机会。

换句话说，当今社会，是一个"进攻"为主的世界，只重"防守"的人虽然看似稳重，但是很难在竞争日趋激烈的社会中难脱颖而出。没有人天生比别人幸运，更没有人一生下来就一帆风顺，处处都做得很好，因此我们要保持良好的心态，不厌其烦地去鼓励自己"积极主动"起来，在工作中不断地总结自己，创造出更适合这个岗位的工作方法和技巧，成倍地提高这个单位的生产效率，你的才干很快就会被老板发现，你的职位和你的薪水都会随之发生改变。

所以在工作中要掌握一定的方法，首先要把精力放在最具"生产力"的事情上。

美国一位著名的教授曾做过这样一个有趣的实验：他将6只蜜蜂和6只苍蝇放入一个玻璃瓶中，然后将瓶子平放，瓶底朝向光亮。实验结果发现：蜜蜂用尽全力朝有光亮的方向飞去，失败一次就再来一次，看似很努力，但是却没找到正确的方向，不久就筋疲力尽而死了。苍蝇一开始也朝有光亮的底部飞去，然而经过几次失败后，就开始试着朝各种不同的方向飞。结果，不到10分钟，这些苍蝇就都从瓶口逃了出去。

方法决定成功，方法决定效率，方法决定速度。这一放之四海而皆准的真理在工作中同样适用。

19世纪末20世纪初，意大利著名经济学家及社会学家巴莱多提出过这样一个著名的论断：在任何一组东西之中，最重要的通常只占其中的一小部分。这就是著名的"巴莱多原则"。

根据"巴莱多原则"，在一家公司，通常是20%的工作效率高的人完成公司80%的工作。你也许会感到不可思议，但这却是不争的事实。比如在销售部，通常是20%的人带来80%的订单；在开会时，20%的人通常会提出80%的建议。也正因此，所有的优秀员工都认为：高效率地完成工作的技巧就在于把主要的精力放在全部工作中最重要的那一部分。

比尔是纽约一个油漆公司的普通销售员，在工作的第一个月，比尔仅挣了1000美元。看到别人比自己的工资高，比尔很恼火，在分析销售图表后，比尔发现他的80%的业绩源于他的20%的客户，但是他在每个客户身上花费的精力都是一样的，也就是说自己做了很多的无用功。这时候比尔恍然大悟，拍着脑袋直喊"笨"。在改变了策略之后，到第二个月月底，比尔赚到的钱是第一个月的10倍。

因此，当你面临很多的工作，不知道先做什么，后做什么的时候，当你耗尽全身的精力，工作效率仍然很低的时候，那么，就就应该及时审视一下自身，看看自己是否在依照巴莱多的"二八定律"来进行工作的。把80%的精力放在最重要的任务上，只有这样，你才能高效率地运用有限的精力，有效地提高工作效率。

将主要的精力用来完成最重要的工作，一个人的潜力就能得到最大程度的发挥，这就好像一个果农要想在秋天获得丰硕的成果，就要把果树上面的多余枝权剪除掉，只有这样，他才能在来年享受到收获的快乐。

了解了"二八定律"的重要性之后，你还必须学会根据自己的核心能力，排定日常工作的优先顺序。建立起优先顺序，然后坚守这个顺序，工作起来才会事半功倍。

当然应用于每个人的工作方法是不同的，每个人的工作方法的人也是不同的，在工作中要主动结合自己所在部门的工作特点，寻找适合自己的工作方法，不断地提高工作效率，为公司创造更高的经济效益。

07

不要把执行力只停留在口头上

——工作贵在落实

　　执行力的强弱是衡量一名员工是否优秀的基本标准之一，但是执行力是体现在具体的工作中的，有些员工空有很强的执行力，却总是在工作中以种种借口迟迟不去落实，这样不但会影响公司的发展，同时对自己的发展也是非常不利的。

　　1861年，美国内战爆发，由于准备不足，在战争开始的时候，林肯领导的军队常常处于非常不利的境地，为了扭转这种糟糕的局面，美国总统林肯还决定要找到一个"100%执行总统的命令"的人——向敌人进攻，打败他们。最后，林肯找到了格兰特。

　　从一名西点军校的普通毕业生，到一名联邦军队的总指挥官，格兰特升迁的速度几乎是坐着火箭上升的，战争是残酷的，残酷到一次小小的疏忽就能葬送千万人的宝贵性命。因此一个执行力很强的指挥官对一支军队来说是至关重要的，他就是这支军队的灵魂和核心，他指挥的好坏直接关系到战争的成败。

　　作为一名军人，服从是他们的天职，坚决执行上级任务，然后出色完成，这是千百年来每个士兵乃至将军最基本的职责。很快，联邦军队在格兰特的领导下，很快取得了一系列重大的胜利，迅速打败了叛军，面对格兰特取得的成就，很多人就开始寻找格兰特致胜的原因。后来，格兰特将军做了美国总统，有一次，他到西点军校视察，一名学生问格兰特：

"总统先生，请问是西点的什么精神使您勇往直前？"

"没有任何借口地执行命令。"格兰特回答。

没有任何借口——提升执行力，把执行力落实到行动中，体现在战场上，而不是把执行力挂在嘴上，这样只会是纸上谈兵，葬送士兵们的生命。

在格兰特参加西点军校学习时，新来的学员无论尊卑，都一视同仁，没有任何优待。他们在进入军营后就要接受为期三周的"野兽营"的磨炼。另外军校制定了名目繁多的规章制度，吃喝拉撒睡，事无巨细，面面俱到，使学员们整天忙于紧张而艰苦的学习和训练，无暇他顾，在军队里任何一个微小的细节都是一个训练科目，这些士兵都要不折不扣地完成，他们的任务就是从上级那里得到任务后，认真地领会，然后想尽一切办法去完成，而且是没有理由地完成，更重要的是不能为自己的失败寻找任何理由。

最初的几个星期，格兰特和其他学员觉得他们简直成了一台台机器，在教官和校规的控制下行动，连思考的时间都没有，完全没有自己。许多同学忍不住了，牢骚满腹，而格兰特却不找任何借口地服从命令，不折不扣地执行命令。格兰特知道自己该走怎样的道路。

在格兰特将军看来，有两种人老是为自己找借口，总是把执行力放在口头上，而不是用实际行动去体现自己的执行力。第一种人是一遇到困难就为自己找借口开脱，他根本没有面对困难，接受挑战的勇气，这部分人往往会说这有什么了不起的，只是我不想去做罢了。但是我们还会经常会听到他们找出各种各样的借口来为自己的执行力不到位开脱："那个客人我对付不了"；"我现在下班了，明天再说吧"；"我明天有事情，完不成这个工作"；"我很忙，现在没空"；"这件事不能怪我，不适合我来干"等等诸如此类的借口，有时真的让人无可奈何。在现代公司里，缺少的正是把执行力落到实处的员工，而不是把执行力停留在口头上，做不好工作，理由还一大堆的员工。

第二种人在刚刚开始的时候的确会很卖力去工作，但是看到自己的努力没有太大效果的时候，就开始打退堂鼓了。他们开始为自己的失败找借口。"我已经尽了全力了，最后没做好不能怪我一个人"；"对手太强大了，我和他们进行了很长时间的竞争"；"我已经做了分外的事，难道还让我为我不该做的事负责？"这部分人的做法也是我们不愿意看到的，他们也是那种把执行力停留在口头上的人，他们也不愿意去想方设法去提高自己的执行力，根本不可能成为一名优秀的员工。

格兰特将军的那句有名的回答，更精确地阐述了"没有任何借口"的更深层的含义。在西点军校的训令中，"没有任何借口"每一个人都耳熟能详，在社会上，了解西点军校这一传统的企业和员工也大有人在，但真正了解它的准确含义的少之又少。

很多人都知道执行力的重要性，但是真正能把执行力贯彻下去的人却很少。的确，执行力的提高是一件很难的事情，需要长时间的锻炼才能提高上去，但是我们也不能因为有困难，就不去提高自己的执行力，与其我们把提高自己的执行力挂在口头上，还不如在工作中一点点慢慢地寻找提高自己执行力的技巧和方法，这样长期坚持下去的话，你的执行力就会得到很大的提高。

当我们明确了自己的岗位职责，知道我们下一步该做什么的时候，接下来就要付出具体的行动去出色地完成自己的工作，要想做好一项工作，必须要有很强的执行力才行，这种执行力不是口号、不是标语，更不是大字报，而是需要真刀真枪付出艰辛和汗水的，工作贵在落实，而不能仅仅把落实停留在口头上和纸面上。

第九章

缔造完美
执行力

01

大声地说："是"
——全力以赴，执行到底

一个人能否取得成功，关键不在于其能力是否卓越不凡，也不在于外界环境是否优越，而在于是否能够竭尽全力，并坚持到底。他如果全力以赴，执行到底，即使所从事的只是简单而平凡的工作，同样能取得举世瞩目的成绩。

李嘉诚曾经在自传中写道："做生意不需要学历，重要的是一颗全力以赴的心。"我常听到身边有些上了年纪的人感叹说："唉，我这一生也没有什么成就。"人生最大的遗憾与折磨，莫过于一把年纪了，事业却毫无成就。年轻时，明明有十分的力气，却只使出一分，由于疏忽、懒惰造成的巨大缺憾，连自己也无法向自己交代。事实证明，一个人能够在工作中创造出怎样的成绩，关键不在于其能力是否卓越不凡，也不在于外界的环境是否优越，关键在于他是否能够竭尽全力，并坚持到底。只要我们全力以赴，执行到底，即使所从事的只是简单而平凡的工作，即使自己能力并不突出，即使外界条件并不优越，也仍然可以在工作中创造出骄人的业绩。就如同"世界第一CEO"杰克·韦尔奇所说："干事业，实际并非依靠过人的智慧，关键在于能否全身心投入，并且不辞辛苦。现实中，经营一家企业不是一项脑力工作，而是体力工作。"可见，在我们的工作中，学历和能力并不一定是最重要的，重要的是要全力以赴地投入。工作就是不找借口地去贯彻、去执行。借口是成功路上的第一块绊脚石。懦弱的人寻找借口，想通过借口逃避责任中的挑战；失败的人寻找借口，想通过借口避免承担责任；平庸的人寻找借口，想通过借口欺骗自己，从而心安理得。无论什么样的人，只要找借口，就等于为自己开启了一扇通往失败的大门。

在工作中，拖延是执行的顽疾，也是我们通往成功之路的第二块绊脚石。善于作战的拿破仑非常重视"黄金时间"。他知道，每场战斗都有"关键时刻"，把握住这一关键时刻就意味着战斗的胜利，稍不果断就会导致灾难性的后果。战场上的"黄金时间"在职场中同样奏效。工作中的有利机会往往稍纵即逝，能否抓住这些机会，不仅取决于是否具有敏锐的洞察力，更取决于我们能否立刻行动，决不拖延。杨根思是中国人民解放军全国战斗英雄和中国人民志愿军特级战斗英雄。他作战勇敢，屡立战功，被誉为"爆破大王"，被评为"华东一级战斗英雄"，获"华东三级人民英雄""全国战斗英雄"称号。1950年11月，他所在的连队在朝鲜长津湖地区奉命扼守下碣隅里外围制高点1071号高地以阻敌南逃。29日，号称"王牌"军的美军陆战第1师开始向小高岭进攻。猛烈的炮火将我军大部分工事摧毁。杨根思带领全排迅速抢修工事，做好战斗准备，待美军靠近到只有30米时，他带领全排突然射击。迅猛打退了美军的第一次进攻。接着，美军组织两个连的兵力。在8辆坦克的掩护下再次发起进攻。杨根思指挥战士奋勇冲入敌群，用刺刀、枪托、铁锹展开拼杀。激战中，又一批美军涌上山顶，杨根思亲率第7班和第9班正面抗击，指挥第8班从山腰插向敌后。再次将美军击退。美军遂以空中和地面炮火对高地实施狂轰滥炸。随后发起集团冲锋。杨根思率领全排顽强抗击，以"人在阵地在"的英雄气概，接连击退美军的8次进攻。当投完手榴弹，射出最后一颗子弹。阵地上只剩他和两名伤员时，又有40多名美军爬近山顶。危急关头，他抱起炸药包勇猛地冲向敌群，与敌军同归于尽。

全力以赴，执行到底，才能够对自己的岗位忘我地坚守，出色地完成任务。一个真正的有志者无论从事何种职业，都应该全力以赴，尽自己的最大努力，以求得不断的进步。这不仅是工作的原则，也是人生的原则。如果没有了职责和理想，生命就会变得毫无意义。无论你身居何处，如果能全身心投入工作，最后就会取得成就。那些在人生中取得成就的人，一定在某一特定领域里进行过坚持不懈的努力。

美国前总统艾森豪威尔讲过这样一个故事：一次，我们想要跟一位老农买一头牛，因此去拜访这位农民，并且问他这头牛的血统，不过他听不懂这是什么意思；我们接着问他这头牛的奶制品产量，他说他完全不知道；最后，我们问他知不知道这头牛每天能够产多少牛奶，这位农民还是摇头，过了好久才憋出这么一句话来："我不知道，不过它是头诚实的老奶牛，它有多少牛奶就会给你多少。"老农的语气很平淡，话也朴实，艾森豪威尔却被深深地打动了。奶牛的这种奉献非常单纯，那就是毫不保留，有多少奶就献出多少奶。听到这样的话，你会不会像被针刺了一下，愣一愣、想一想呢？因为有些人，他们因麻木怠惰而平庸，而另一些人则那样生气勃勃，热情而快乐。毫不保留，有多少力出多少力，正是全力以赴的真实表现。这要求我们不能满足于一般的工作表现，要做就做到最好，这样，我们才可能达到完美，才可能成为组织中不可或缺的人。法国著名小说家巴尔扎克有时因为写一页小说会花上一星期的时间，而一些现代的写作者还在那里惊讶巴尔扎克的声誉是从哪里来的。许多人做了一些粗劣的工作，却借口时间不够，其实每个人只要合理安排时间，都有充分的时间，都可以做出最好的工作。如果养成了做事追求完美、执行到底的习惯，人的一辈子必会感到无穷的满足。

一位先哲说过："如果有事情必须去做，便全身心投入去做吧！"另一位名哲则道："不论你手边有何工作，都要尽心尽力地去做！"做事情无法执行到底的人一般有以下相同的特质：他不会培养自己的个性，意志无法坚定，无法达到自己追求的目标，一面贪图玩乐，一面又想修道，自以为可以左右逢源，结果不但享乐与修道两头落空，还会悔不当初。无论做何事，务必竭尽全力，因为它决定了一个人以后在事业上的成功。一个人一旦领悟了全力以赴地工作能消除工作辛劳这一秘诀，他就掌握了打开成功之门的钥匙。能处处以主动尽职的态度工作，即使从事最平庸的职业也能赢得领导的赏识。

02
毫不犹豫地说："立即办"
——接到任务立即执行

著名管理专家余世维认为，执行力就是"按质、按量地完成工作任务"的能力。任何一个人想在职场上获得成功，都必须具备强大的执行能力。执行能力的提升离不开自我管理，它也是自我管理的首要原则。"立即执行""勤奋""忠于职守""落实""进取心"等与执行力相关的字眼，都必须通过自我管理才能实现。

可以说，正是自我管理，才让执行力获得了持续上升的空间，也为职场人员发掘了提高工作效率和效果的最佳途径。而通过自我管理养成立即执行的习惯，则是提升执行力的必要前提。遇事推脱责任，找借口逃脱难题的人，注定因自我管理能力差，难当大任，而不受老板的青睐。

在我们工作的时候，要时刻记住一点：结果才是一切！过多的借口是无能的表现，也是不负责任、不敢迎接挑战的表现。无论如何，行动才是王道。通过自我管理，养成接到任务立即执行的习惯，拿到工作时别说太多废话，也别犹豫拖延、耽误时机。只有这样，才能用实际行动换来发展的机会。中国人民解放军特种部队在训练时要进行大运动量的基础素质训练，这种长年累月的训练练就了他们大无畏的英雄气概，也练就了他们在完成其他高难度科目时必需的诸如意志、服从意识、高效、耐力、心理素质等这样的基础素质。特种部队的训练的残酷性和训练强度会随着训练时间的推移而不断增加，对于队员来说，无论是体力训练还是心理训练都是超越极限的。在数九隆冬的日子里，战士们都穿着短裤背心跑步，在这呵气成冰的天气里，跑慢了，就会被冻得全身发僵；在天蒸地烫的三伏天里，官兵们却又都全副武装地在崇山峻岭间展开实地考核训练，无论天气多么热，他们都不能把训练服装脱掉，都得毫无条件地服从训练，对于所有的训练命令他们也都必须立即执行。

有一句格言这样说：好的想法是成功的一半。如果只有想法却不付出行动，而行动往往不像动动嘴皮子那么容易。人们往往习惯于提出问题，却把解决问题这个"烫手山芋"扔给他人，其实只有那些在实践中摸爬滚打过的人才真正知道，竞争对手之间的差别往往不在于高层战略，而在于执行态度，执行之所以可贵就在于它是一种如何完成任务的态度。不论是经营企业、推销工作，还是从事着科学、军事、政府机关等工作，对于每一项工作来说，都需要由脚踏实地的人来执行，只有被执行了的工作才称之为工作。老板在聘用重要职位的人才时，都会先考虑下面这些问题："他愿不愿意做？他会不会坚持到底把事情做完？他是不是只会纸上谈兵？他能不能独当一面，自己设法解决困难？他是不是那种有始无终，光说不做的那一种人？"带着这样的问题，老板会对自己聘用的每一个职员进行考察，如果你是一个善始善终、接到命令立刻就去执行的人，那么不管你在哪里，你的才能都不会被埋没。

萧萧在北京一家公司从事低级职员的工作，在单位他有一个外号叫"行动滑板"。不管他在做什么，也不管是什么时候什么地点，只要他接到上司的任务，就会立刻停止自己手头的工作，而着手去做上司布置的任务，而他一旦接手，就会用最快的速度完成。后来萧萧由于自己的突出表现被调入了销售部，他在销售部仍然没把自己身上的那种接到任务立刻执行的品质丢掉。有一次，公司下达了一项任务：必须完成本年度500万元的销售额。销售部经理认为这个目标是不可能实现的，私下里他开始怨天尤人，并认为老板对他太苛刻。但萧萧却一个人拼命地工作，到离年终还有一个月的时候，萧萧已经全部完成了他自己的销售额。但是其他人没有萧萧做得好，他们只完成了目标的50%。那个抱怨的销售部经理看到萧萧完成了自己认为完成不了的任务，于是就主动提出了辞职，而萧萧被任命为新的销售部经理。萧萧在上任后继续踏踏实实地工作，他的行为感动了其他人，在萧萧的带领下，在当年的最后一天，那些职工竟然完成了剩下的50%。不久，该公司被另一家公司收购。新公司的董事长第一天来上班时，亲自点名任命萧萧为这家公司的总经理。其实在双方公司在商谈收购的过程中，这位董事长曾多次光临公司并对这位"行动滑板"萧萧先生产生了深刻的印象。

再普通的计划，如果执行不到位，也不会那么轻松地实现。如果一个人一直在想而不去做的话，根本成不了任何事。请你想想看，世界上的每一件东西，从人造卫星到摩天大楼，从婴儿食品到一根针的制作，哪个不是一个个想法付诸实施所得到的结果？有个农夫新购置了一块农田，可他发现在农田的中央有一块大石头。农夫觉得很奇怪，于是问卖主："为什么不铲除它呢？"卖主为难地回答说："哦，它太大了。"这位买地的农夫二话没说，立即找来一根长铁棍，撬开石头的一端，当撬开石头时他意外的发现，这块石头的厚度还不到一尺，很容易被搬走，于是他就只花了一天时间将石头搬离了农田。

也许，刚一开始，你会觉得"立即执行"有点难，但最终，你会发现这种状态成了你个人价值的一部分。当你体验到他人的肯定给你的工作和生活带来的帮助时，你就会一如既往地保持这种状态。忙碌的人不肯拖延，他们觉得生活就像骑在一辆自行车上，不是保持平衡向前进，就是翻倒在地。效率高的人往往有限时完成工作的观念，他们确定做每件事情所需要的时间，并且强迫自己在预期内圆满复命。即使你的工作并没有严格的时间限制，也应该经常训练自己。当你发现自己能在短时间内做更多的事时，一定会惊讶不已。一支部队，一个团队，或者是一名战士或员工，要完成上级交付的任务，就必须具有强有力的执行力。接受了任务，就意味着做出了承诺，而完成不了自己的承诺，是不应该找借口的。这是一个很重要的思想，体现了一个人对自己的职责和使命的态度。思想影响态度，态度影响行动，一个优秀的员工，肯定是一个执行能力很强的员工。

03

在创造中落实

——创造性地执行任务

在现代社会中，许多工作任务的完成，特别是寻找解决问题的合适途径——越来越需要创造性。创造性地开展工作，是一种有效的工作方法，也是优秀员工必备的一项工作素养。

在畅销书《林肯寻找格兰特》一书中讲述道：1861年美国南北战争爆发，时任联邦总统的林肯先生发现，联邦军是一支缺乏卓越将领的队伍，所以林肯先生先后共任用了五位总指挥官，在短短的几年时间里，林肯无奈地频繁更换军事指挥官，因为他所任命的前四位指挥官都墨守成规、照搬教条、畏缩不前、犹豫不定、缺乏创造力和攻击性，他们没有能力打败南方军，而是一遍又一遍地细数自己所面临的困难。当林肯以恳求的口气，要求他的将军们无论如何去打一仗，即使失败也要打上一仗时，他的将军们这样回答："对不起，总统先生，我们的装备很差，我们的士兵素质很低，所以我们不能马上开战。"格兰特怎么做？没有正规军，格兰特自己训练民兵组织去打仗。他敢于冒险、富有责任心、富有想象力，更为重要的是他敢于创造——创造战机，创造条件，创造资源，创造性地完成了别人完成不了的任务。最终，格兰特以他非凡的创造性能力打了一个又一个的胜仗，赢得了林肯的喜爱与信任。以至林肯后来给予他极高的评价："格兰特将军是我遇见的一个最善于完成任务的人。"

像美国总统林肯一样，许许多多的企业家、私人老板和机构的负责人，也都在寻找像格兰特这样的"下属"，他们找的不是一个循规蹈矩、墨守成规、按部就班，你告诉他搬一根木头，他只会搬一根木头的平庸之人。即使这根木头很难搬，这个人用了很多心血。他们希望这个人知道为什么要派他完成这个任务，这个任务对全局有什么影响，他能否在没有帮助的情况下创造性地完成任务。所有的行业、岗位，都在寻找这种创造性地执行任务的人。有这样的人加盟，将加速企业的发展、加速人类文明的进程。那种仅仅遵守纪律、循规蹈矩，却缺乏热情和责任感，不能创造性地开展工作的员工，只是被动地应付工作，为了工作而工作，他们在工作中没有投入自己全部的热情和智慧。他们只是在机械地完成任务，而不是创造性地、自觉自愿地工作。对他们来说，每天的工作可能是一种负担、一种逃避，他们并没有做到工作所要求的那么多、那么好。他们往往都习惯于等待再等待，很少去主动争取或积极地处理工作，只是等到接到了明确的工作指令后才去行动，而且在工作中不断地请示，以求得下一步的工作指令。这种被动工作的员工，很难在工作中获得成就，最终将一事无成。

在现代社会，虽然听命行事相当重要，但个人的主动性和创造性更受到格外重视。许多公司都努力把自己的员工培养成具有创造性工作能力的人。这样的员工，知道自己工作的意义和责任，并随时准备把握机会，展示超乎他人要求的工作表现。那么，如何成为一个具备创造性能力的员工，去积极主动地工作呢？首先，必须对自己的工作保持高度热情、工作时要充满激情，心情愉快。只有热爱本职工作的人才能充分发挥自己的主观能动性和思维潜能，才能迸发出富有创意的工作思路。中洲远望是一支富有朝气和活力的团队，他们的工作理念就是："工作的快乐，源于快乐的工作。"因为，只有具备工作的激情，才能拥有创造的源动力。将快乐的心情融入工作中，才能体会到出色完成工作所带来的快乐，将无限激情投入工作中，才能迸发出无限的工作创意，才能激活潜在的机遇，开拓崭新的领域，从而为公司带来更多更大的效益。其次，养成善于思考的习惯。天才总是没有经验的，他们总是抛开经验来思考问题，因此总是有新的发现。所谓创造，就是掌握尽可能多的信息，发挥你的创造性思维，把工作做得比别人好，把别人解决不了的问题圆满解决。所以，平时就要多多积累各种资本，为培养自己的创造性思维打好基础，做好铺垫，创造条件。再次，敢于突破常规思维解决问题。在执行工作任务的过程中，遇到难以解决的问题，要善于打破常规思维，提出创造性的方法来解决，很多时候换一种思路，眼前就会豁然开朗，就会想出某种特殊的方式来破解难题。在一场台商主讲的公开课中，主讲人做了一个游戏，游戏最初是七个人，两个搬运工，一个QC，四个员工，共有五个台面，每个台面坐一人，两个搬运工在五个台面之间奔跑，结果10分钟下来，生产出了35个产品，还有一个不良品。经过台商改善后，整个生产线成了两个人，一张台面，其余人都给裁掉了，结果10分钟下来，照样生产出了35个产品，其效率惊人地提高了。课堂上经过了激烈的讨论，但是谁也没有想到这样的改善方法。因为在学员们的意识里，生产线一定要有搬运工，也要有QC，而台商却在工作流程设计上进行大胆创新，不仅改善了工序，省去了搬运，也让员工兼起了自检和统计的责任。听过台商的课，大家对他的企业能在十几年内从一个小小的工厂，变成一个跨国的大公司不再感到惊讶了。虽然我们不是台商，但是却可以借鉴他敢于突破常规思路的做法，在工作中，主动灵活，举一反三，从多个角度去考虑问题，解决问题，这样我们才能不断得到智慧的灵感，创造性地完成工作任务，超乎领导对我们的期望。

　　创造性不是与生俱来的，也是通过学习培养的，努力培养自身的创造性能力，应用到所从事的工作当中，为所供职的公司取得更大辉煌，是我们每位员工不可推卸的责任。

04

聪明出于勤奋，成功在于执行

——执行力是勤奋的缔造者

在这个讲究享乐的时代，默默无闻和勤奋是宝贵的——不仅对于老板们来说是宝贵的，更重要的是对你个人成长的巨大推动作用。勤奋是走向成功所必备的美德。许多人所掌握的知识远远多于张瑞敏、柳传志、刘永好，但没有人像他们一样勤勤恳恳、扎扎实实地工作，把自己的才能，把自己的潜力发挥出来。有太多的职业人士所缺乏的就是这种事业心。

职场人士要想把自己变成一个勤奋的人，就需要牢记自己的梦想。只有给自己一个奋斗的理由，你才能坚定信心，锲而不舍。有太多的人只为工作而工作或只为薪水而工作，所以他们往往会把工作当成一项讨厌的责任，或者是惩罚，这种思想注定了他们只会偷懒和拖拉。而如果你把它当成实现梦想的阶梯，每上一个阶梯，就会离梦想更近一点，你还会那么痛苦吗？在公司加班时接到朋友的电话，你在干什么？到动物园来吧，这里有一支非洲著名的马戏团的动物表演，特有意思！你会做何反应呢？一开始你会抱怨他打扰了你，接着你开始可怜自己——别人玩得那么开心，而我却只能对着电脑敲这些无聊的字符。但如果这时你提醒自己留在这里的原因——把这个方案弄好并交给老板，就有90%的概率会成为策划部的主管。一想到自己的职位将升到部长或经理，是不是很快就会沉浸到工作中去了呢？要学会用心工作。很多老资格的公司职员习惯于只用手工作，因为这些工作他们已经很熟悉了，闭着眼睛都能做好。

然而只用手工作会使人们把10年当作1天来过，10年过后，他们只掌握了一种工作方法。也就是说，10年来他们在自己的工作上没有任何进步。这对于人才竞争日益激烈的现代人来说，无疑是一个十分糟糕的消息。勤奋工作不仅是要尽善尽美地工作，还必须用你的眼睛去发现问题，用你的耳朵去倾听建议，用你的大脑去思考、去学习，把10年真正当作10年来过，那么10年之后你所具备的才能还愁不被老板所赏识吗？其实根本用不了10年，3年、5年你可能就被提拔和重用了。

勤奋工作不是机械的工作，而是用心在工作中学习知识，总结经验。在上班时间不能完成工作而加班加点，那不是勤奋，而是不具备在规定时间里完成工作的能力，是低效率的表现。要自己奖励自己。勤奋总与苦和累联系在一起，如果长期处于苦和累的环境中，你可能会厌倦，甚至放弃。所以，适时地奖励一下自己是非常重要的。当自己掌握了一种好的处理工作的方法，或工作效率提高了1个小时时，不妨去看一场向往已久的演出，或者为自己准备一顿丰盛的晚餐。这样的奖励往往会刺激你更加努力地工作。勤奋并不是要你一刻不停地干，把自己弄得筋疲力尽只会导致低效率。所以工作累了的时候不妨花上几分钟的时间放松一下，给自己紧张的大脑换换档。

最后，成功之后还要继续努力。勤奋通向成功，而成功很可能会成为勤奋的坟墓。有一项调查表明，诺贝尔奖的获得者获奖之后的成就、论文篇数等远不及其获奖前的一半。成功之后就不再努力的例子并不鲜见。很多人在凭借着勤奋努力终于被老板所提拔和重用之后，就觉得应该放松一下了——为自己前段时间那么辛苦的工作补偿一下，结果又回到萧伯纳的名言，人生有两出悲剧，一是万念俱灰；二是踌躇满志。这两种悲剧，都会导致勤奋努力的中止。在取得了一个小目标的成功之后，要重申自己的大目标，告诉自己还有更加美好的前途在等着自己，使自己重新振作，继续勤奋，永不满足。

　　在职场中永立不倒的英雄所凭借的绝不是安逸中的空想，而是跟跄中的执着，重压下的勇敢，逆境中的自信，艰苦中的勤勉和奋发，是在任何环境中扎实的工作和锲而不舍的求知精神，这是他们成功的秘诀，也是所有想成功的人必须具备的崇高美德。

　　我们从小就知道勤能补拙、勤奋可以创造一切，也知道无数个有关勤劳实干，取得成功的故事。可是多数人并未从中受到启发，我们依旧在工作中偷懒，依旧好逸恶劳。人们这样为自己开脱：现在时代已经变了，勤奋已不再是在职场中乃至商战中成功的法宝了，我们需要享受生活并等待机会。如今这个时代的确与以前不同了，但并不像你所想象的那样——勤奋越来越不重要了；而是恰恰相反，要想在职场中获得成功，勤奋是必不可少的一种美德。

　　在人才竞争日益激烈的职场中，怎样才能获得成功的机会呢？是依靠对工作的抱怨、不满、拖拉和偷懒吗？如果你始终把工作当作一种惩罚，那么你永远都休想获得成功的机会，甚至你可能连目前这份你说大材小用、埋没了你才华的工作都保不住。

　　首先，用心工作。很多职场老员工工作久了，都习惯用惯性思维去工作，他们往往只用手工作而不用心工作。由于对工作非常熟悉，他们甚至闭着眼睛都能做完。但是10年或20年后再来看这些人，他们的工作技能没有任何提高。优秀的员工必须学会用心去工作，只有睁大眼睛、竖起耳朵，全身心地投入当前的工作，用自己的大脑去思考、去学习，你的综合工作效能才会提高。

　　其次，勤学好问，遇事留心如果在工作中勤学好问，我们就会不断增加自己的知识储备，不断拓展视野，这样才能不断提高工作效率。同时，在工作中遇事留心的人，会不断发现问题并解决问题，这样可以把工作做得更高效、更完美。

　　最后，善于思考。一个小伙子去应聘，发现竞争一个岗位的人竟有二十多个，而他排在第23位。小伙子考虑了一下形势，写了一张纸条让秘书交给老板，老板看完纸条笑了笑说："真是一个有意思的年轻人。"纸条上写着："老板，我是排在第23号的人，请不要在见到我之前做出任何决定。"就这样，小伙子给老板留下了深刻的印象。最后，他顺利得到了工作。小伙子如愿得到了工作，是因为他善于思考，用巧妙的方法避免了可能遇到的困难。要想出色地解决工作中的各种问题，我们必须善于思考，总结经验和规律，这样才能找到最有效的问题解决方法。只有积极主动的员工才能把心思全部用在工作上。一个积极主动、有执行力的职场人士，他们在工作中往往能发现更多问题，并能找到解决问题的最好方法。

05

负责任，多盈利

——负责能带来实实在在的效益

现代企业管理的思路，是充分发挥每名员工的聪明才智，用岗位职责去管理员工的工作，重视结果、轻视过程，这与传统的命令式领导相比就如同承包责任制与生产队的工作方式一样有着本质的不同。在这种新的管理思路的指导下，你所得到的指令仅仅是一个目标而已，具体实施的程序与方法必须自己去寻找，去积累，所以在工作中，养成负责任的精神，养成对目标压力的敏感，养成积极主动的工作习惯，"什么是主动性？就是别人没有告诉你，你正做着恰当的事情。"这种对主动性的解释的确很精妙。主动遵守纪律也就是主动承担其责任，一个企业如果能做到遵守纪律，就一定能承担起社会赋予他的责任，这样的企业也必然能做大。

哈尔滨市天马名家居在公司实行了自己的"三大纪律，八项注意"，具体内容是：三大纪律，第一，不收用户礼品。第二，不收用户吃请。第三，不与用户顶撞。八项注意，第一，免费送货上门，摆放到位。第二，遵守用户时间送货上门。第三，铺开"红地毯"开始搬运。第四，穿上"进门鞋"进行服务。第五，当面进行规范调试，检查安装效果。第六，安装结束，保持清洁干净。第七，讲解使用知识。第八，服务态度热情、举止礼貌文明。实施新"三大纪律，八项注意"以来，各个专卖店得到了大量消费者的好评。天马公司目前在哈尔滨市主要销售北京曲美、深圳兴利、深圳大富豪、东莞美林等公司的现代和古典家具。在哈尔滨市红旗家具城二期四楼开设有北京曲美家具400多平方米的专卖店。两个营业员月销售20多万元。天马公司在哈尔滨市实行免费送货，免费安装，对曲美等品牌的产品实行10年免费维修。市内的维修服务24小时服务到位。周到细致的服务和对消费者负责的精神，为天马赢得了大量的荣誉：仅去年，他们就荣获了"黑龙江省'百城万店无假货'活动示范单位""货真价实满意店""质量诚信单位"。在谈到这些荣誉的含金量时，尹美莉经理自豪地说，获得"黑龙江省'百城万店无假货'活动示范单位"称号的企业在全哈尔滨市只有四家，我们的曲美店是其中的一家。

同样，员工为企业担负起自己的责任，也会给自己带来实实在在的效益。绩效是时刻高悬在每一位老板心头的难题，很多老板都在寻找各种方式和方法来提高一个微不足道的小事，这家公司的职员都能够想得这么周到，那么，跟他们做生意还有什么不放心的呢？

细节既能创造正效益，也会产生负效益。一次，国内一位旅客乘坐某航空公司的航班由济南飞往北京，连要两杯水后又请求再来一杯，还歉意地说实在是口渴，空姐的回答让她大失所望："我们飞的是短途，储备的水不足，剩下的还要留着飞上海用呢！"在遭遇了这一"细节"之后，那位女士决定今后不再乘坐这家公司的飞机。

在产品和服务越来越同质化的今天，细节的完美是企业竞争的制胜一招。有一家公司的墙上贴着这样一句格言："苛求细节的完美。"如果每个人都能恪守这一格言，我们的自身素质无疑会有大幅度的提高，也会避免很多失误与叹息。个人如此，一个企业更是这样。管理市场运作、管理销售团队、管理财金事务都要有这种苛求细节完美的精神，起点低不要紧，关键是认真对待每一件小事，把寻常的事做得不寻常的好。因为正是在细节之中，才能真正体现出每个员工的责任来。

　　希尔顿饭店的创始人、世界旅馆业之王康·尼·希尔顿就是一个要求员工将责任体现在细节中的人。一家企业的副总凯普曾入住过希尔顿饭店。那天早上刚一打开门，走廊尽头站着的服务员就走过来向凯普先生问好。让凯普先生奇怪的并不是服务员的礼貌举动，而是服务员竟喊出了自己的名字，因为在凯普先生多年的出差生涯中，在其他饭店住宿时从没有服务员能叫出客人的名字。原来，希尔顿要求楼层服务员要时刻记住自己所服务的每个房间客人的名字，以便提供更细致周到的服务。当凯普坐电梯到一楼的时候，一楼的服务员同样也能够叫出他的名字，这让凯普先生很纳闷，服务员于是解释："因为上面有电话过来，说您下来了。"吃早餐的时候，饭店服务员送来了一个点心。凯普就问，这道菜中间红的是什么？服务员看了一眼，然后后退一步做了回答。凯普又问旁边那个黑黑的是什么。服务员上前看了一眼，随即又后退一步做了回答。她为什么后退一步？原来，她是为了避免自己的唾沫落到客人的早点上。也许你会觉得这些都是不起眼的小事，但在商业社会中，是否注重细节的完美就体现在这些小事上。因为我们每个人所做的工作，都是由一件件小事构成的。把每一件小事做好，体现的正是你的责任感。而只有具备了强烈责任感的人，才能铸造完美的细节。

　　责任感是职场人士的一大亮点，它可以让一个初出茅庐、能力平平的人脱颖而出，迅速成为公司里炙手可热的关键人物。如果你能够忠于自己的公司，对工作高度负责，那么你就会是一个很容易成功的人。如果你的老板让你去传达某一个命令或者指示，而你却发现这样可能会大大影响公司利益，那么你一定要理直气壮地提出来，不必去想你的意见可能会让你的老板大为恼火，或者就此冲撞了你的老板。大胆地说出你的想法，让你的老板明白：作为员工你不是在刻板地执行他的命令，你一直都在斟酌考虑，考虑怎样做才能更好地维护公司的利益和他的利益。因为，没有哪一个老板会因为员工的责任感和忠诚而批评或者责难你。相反，你的老板会因为你的这种责任感而对你青睐有加。一种职业的责任感会让你成为一个值得信赖的人，这种人将会被委以重任，而且永远不会失业。

作为一个雇员，如果你能对工作有一种强烈的责任感，那么你肯定是一个容易成功的人。因为由于你的责任感和不断努力，公司才得到了长足的发展，作为老板，最先赏赐的自然就是你。你为公司付出你的责任感，公司当然也会对你的发展负责。你将会得到老板的赏识，这样你自然就能脱颖而出了。

06

男儿不展风云志，空负天生八尺躯

——勇于挑战，保持进取心

　　成功始于觉醒，所谓觉醒就是确立自信自强意识，即认识到自己一定要成功，一定能成功。"慷慨丈夫志，可以耀锋芒。"（唐·孟郊诗句）这句话中的志，就是自信和自强。刚毅似铁的信念，贞如翠柏的情操，坚如磐石的意志，硬如松竹的骨气，是自信自强者特有的风貌。是人才，就应做一个强者。强者从不会轻易地熄灭旺盛的理想之火，从不会草率地退出搏击的人生舞台。只要恪守"丈夫"之志，握住自信之犁，就一定能够拓开成才的金光大道。当今世界，重视青少年的自立教育已成为重要趋势。因为在市场经济、知识经济接踵而至的时代，对自立精神和自立能力的优化，不仅是新技术革命的需要，更是能力培养的智能化的需要。

　　现实生活中，我们要面对许许多多的挑战，不但要勇于向他人挑战，还要勇于向自己挑战。往往，挑战自己比挑战他人需要更大的勇气与毅力，但也唯有挑战自己，我们才能超越自我，迈向更大的成功。挑战意味着机遇。挑战为你营造了学习人生重大课题的环境，使你能同时经历成功和失败，体验胜利和挫折。每一次新的挑战都能带给你比上一次更多的教训，更丰富的经验。每经历一次挑战，你都将距离你的目标更近。你可以把挑战当作一项游戏来接受，学会主动去寻求挑战。你所接受并参与的每一个挑战都能教给你书本上没有的学问，教会你处理事情的弹性和灵活度。挑战能成就幸福快乐、刺激精彩的人生。不要成为那种一生都将挑战拒之门外的人，否则，你将一无所获，碌碌无为。

打算和计划固然重要，但更重要的是不要只说不做。放手去干！激活你身上的每一个细胞，意气风发地去接受生活的挑战，去体验人生的每个细节，去追逐新的目标。你的生活其实蕴含了无数种可能性，当你领悟到这一点，你就能到达一个崭新的境界，一个风光无限的全新世界将展现在你面前。所有你以前从未设想过，甚至从不敢奢望的东西都将出乎意料地得以实现。所有现在困扰着你、令你心力交瘁的限制和束缚都将不值一提。一旦你真正懂得如何去生活，并敢于挑战现实，那么，一切人际关系和健康方面的问题将迎刃而解，你还能更好地改进事业和生意方面的规划。你对未来的生活拥有选择的绝对权力，它就在你的手中。

敢于挑战现实，使你能够驾驭你的生活，成为自己人生的主人。你体内蕴藏着无限潜能，它能使你获得想要的一切。你正塑造着你的思想、行为，雕刻着你的现实人生。你所有的经历都是你宝贵的经验和财富，它能教会你如何从中采撷颇具价值的教训，怎样学会成长，以及如何去发掘降临在你身上的机遇，并最大限度地利用和扩展这些机会。挑战使你通过一切经历和体验，得以一点一滴地创造自己的命运。你不会因为暂时的逆境而焦虑万分，即使是天塌下来也不会让你觉得不堪重负，更不可能使你软弱无力地听任逆境摆布而停止前进的脚步。你会将每一种境遇都看成学习和领悟人生的过程，哪怕是遭逢逆境，也会将压力变作动力和激励。

在现实生活中，你遭受过的每一次痛苦经历，例如失业或是遭遇情感的打击，痛失一段恋情……在痛苦的煎熬过去以后，你会从痛苦中恍然大悟，正是这段痛苦的经历赐予了你弥足珍贵的教训，让你足以鼓起勇气向现实挑战，它的发生是上帝对你最好的安排。使你能在失业之后找到一份更有发展潜力、更有乐趣的新工作，或者找到一个更合适的对象开始一段新的恋情。敢于挑战使你能够冷静沉着地面对不幸和逆境，从中吸取教训，积极努力地寻求改善人生的机会。每当不幸和厄运降临，你不会自视为可怜凄惨的受害者，终日以泪洗面，萎靡消沉，敢于挑战使你从现在起就立下了要改变这种消极状态的决心。使你面对逆境总是思考："我怎样才能从这次挫折中受益？我该从中吸取怎样的教训才不至于重蹈覆辙？"敢于挑战使你学会反躬自省，在自己身上发现改变逆境的力量，而不是试图从别人那里或外界去找寻这种力量。要想获得内心的安宁祥和，就不要去评判他人，或机关算尽，企图操控别人，而要尽力去帮助他人也找到面对生活的勇气和力量。

当你感到遭受了他人的不公正对待或污蔑时，你不会让仇恨和痛苦充塞和折磨你的心灵，因为仇恨和痛苦只会阻滞你的快乐心境。破釜沉舟的复仇心态只会生发消极负面的情绪，蒙蔽你的双眼和心灵，使你看不到世界蓬勃生机的一面，感受不到乐观向上的情感。而只有积极乐观的心态才有助于你主宰自己的命运，才能使你敢于挑战现实。当你敢于挑战现实时，你的心态是你所拥有的最重要的工具和利器。"工欲善其事，必先利其器。"因此，你必须扫除头脑中消极的想法，摒弃对失败的恐惧心理，消除对前途的忧心忡忡的疑虑态度。不要害怕给你的常规生活带来一些改变，你应该努力超越你的局限。当然，保持现有的稳定的状态，可以保证生活更加舒适，但是长此以往，会因为生活的平淡无奇而心生厌烦，无聊难耐。恐惧是最折磨人、消磨人意志的情绪之一。无论是突然遭遇的惊恐，或是长期慢性的忧惧都会严重挫伤人们的主观能动性。当与困难对抗时，恐惧心理往往会压抑人们的积极性，在恐惧的阴影下，他们会妄自菲薄，自卑地认为自己不具备解决难题的能力。接踵而至的情形是：丧失了自信心。

勇于挑战，是人类所拥有的最具威力的力量之一。不管结果怎样，至少我们是无悔的。上天给了每个人挑战命运的勇气，勇敢地与命运抗争就会攻无不克，战无不胜。

07

执行力是一个团队取胜的关键
——团队协作更高效

　　一个企业，一个公司往往是一个复杂的系统，由多个部门组成，每个部门往往由多个员工构成，要想使这个部门的运作更高效，除了对每个员工单个的执行力有要求外，还对整个团队的执行力要求很高，所以怎样把这些有执行力的员工有机地糅合在一起，从量变达到质变就显得格外重要。没有团队的相互配合，相互协作，要想完成一项任务是十分困难的。

　　在广阔的非洲大草原上，三只小狼狗一同围追一匹大斑马。面对着身材高大的斑马，为了获得食物，得以生存下去，三只两尺多长的小狼狗不顾一切地一拥而上，一条小狼狗咬住斑马的尾巴，一只小狼狗咬住斑马的鼻子，无论斑马怎么挣扎反抗，这两只小狼狗都死死咬住不放，经过一段时间的搏斗，身材高大的斑马最终被这三个小家伙吃掉了。

　　一只小狼狗和一匹大斑马比起来各个方面都明显的处于劣势，一对一是绝对不可能取得胜利的，但是三只小狼狗之所以能够击败大斑马，关键就是它们组成了一支优秀的团队，并分工协作，致力于共同的目标，心往一处想，劲往一处使，无论斑马做再大的挣脱，它们任何一个也不会松口，这样战胜大斑马就成了自然而然的事情。

　　同样的道理，在专业化分工越来越细密、竞争日益激烈的现代职场，需要各个员工、各个部门相互配合完成的工作越来越多，一个人单打独斗已经不能适应今天职场发展的需要。如果你能把自己的能力与别人的能力结合起来，提高整个团队的执行力和战斗力，所有的工作难题就会因为团队的力量变得相对简单起来，就会取得令人意想不到的成就。一个哲人曾说：你手上有一个苹果，我手上也有一个苹果，两个苹果交换后，每人仍然只有一个苹果。但是，如果你有一种能力，我也有一种能力，两人交换的结果，就不再是一种能力了。

一个人是否具有团队合作的精神，是否能让个人的执行力融入整个部门中，将直接关系到他的工作业绩。几乎所有的大公司在招聘新人时，都十分注意人才的团队合作精神，他们认为一个人是否能和别人相处与协作，要比他个人的能力重要得多。

一个缺乏团队精神的人，即使个人能力再强也不会有所作为。因为在这个讲求团队合作的年代，一名真正优秀的员工不仅要有杰出的工作能力，更要具备团队精神，个人的努力发挥在整个团队中，才能让自己的努力产生的事迹效果最大化，才能为公司创造更多的价值。

所以任何一个聪明的员工，都懂得把自己融入整个公司中，借整个团队的力量去解决存在的问题、完成自己的任务，把整个团队当作自己的一种取之不尽、用之不竭的资源。当你来到一个新的公司，你的上司很可能会分配给你一个难以完成的工作。上司这样做的目的就是要考察你的合作精神，他要知道的是你是否善于合作、善于沟通。所以一个善于融入团队的员工，善于团队合作的员工，往往也是老板所器重的员工，也是取得成绩最好的员工。

一位专家指出："现在年轻人在职场中普遍浮躁，很难融入公司的团队中，就很难发挥团队的整体优势，从而造成人力资源的浪费。这是因为他们缺乏团队合作精神，项目都是自己做，不愿和同事一起想办法，他们往往各自为战，每个人都会得出不同的结果，最后对公司一点用也没有，而那些人也不可能做出好的成绩来。"

社会发展到今天，竞争已经不再是单独的个体之间的斗争，很多情况下是团队与团队的竞争、组织与组织的竞争，任何困难的克服和挫折的平复，都不能仅凭一个人的勇敢和力量，而必须依靠整个团队。

有一位英国科学家把一盘点燃的蚊香放进了蚁巢里。在开始的一段时间，巢中的蚂蚁看到正在燃烧的蚊香，显得惊慌万状，但是没过多久，情况就发生了变化，很快便有蚂蚁向火冲去，对着点燃的蚊香，喷射自己的蚁酸。由于一只蚂蚁能喷射的蚁酸很有限，很多蚂蚁都失去了生命。但是这并没有阻止它们灭火的脚步，紧接着又有更多的蚂蚁投入"战斗"之中，它们前仆后继，几分钟便将火扑灭了。活下来的蚂蚁将战友们的尸体移送到附近的一块墓地，盖上薄土安葬了。

接下来，这位科学家又将一支点燃的蜡烛放到了那个蚁巢里。制造了一场比上次规模更大的麻烦，但是蚂蚁已经有了上一次的经验，它们很快便协同在一起，有条不紊地作战，不到一分钟，烛火便被扑灭了，而蚂蚁无一殉难。

从蚂蚁扑火的实验中可以看出，个体的力量是很有限的，单兵作战的战斗力也是非常有限的，在工作中只有相互配合，依靠团队的力量去解决问题，不但个人的工作容易得到解决，而且也是一个团队取胜的关键所在。

08

主动执行
——给自己赢得更多的成功机会

一个企业的使命，就是把已经制订的计划变成现实，也就是主动地去执行。所以纪律是不可缺少的，因为纪律是一切制度的基石，组织与团队要能长久存在，其重要的维系力就是团队纪律，纪律意识是执行力的根本保证。

对于员工而言，主动执行是一种极为难得的美德，它能驱使你在不被吩咐应该去做什么事之前，就能主动地去做应该做的事。主动执行就是随时准备把握机会，展现超乎他人要求的工作表现以及拥有"为了完成任务，不惜一切代价"的牺牲奉献精神。

每个正规的公司肯定都会有完善的公司章程，这是维系公司正常运作的纽带。在企业内部，纪律就是各种各样的规章制度的统称，它赋予了员工的权益和义务，规范了企业对员工的要求。只有每一个环节都必须扣准时间完成，整个计划才能够成功。这种内部之间的相互依存，依赖的是有纪律的计划和行动。

所以，纪律无疑是企业卓越经营的核心，永远是忠诚、敬业、创造力和团队精神的基础，它可以使员工主动地执行各项任务和工作。一支没有纪律的组织，只是一群乌合之众，就像一堆散落零乱的货物；纪律严明的组织，才能彰显其强大的势能和威力。一个积极主动、忠诚敬业的员工，也必定是一个具有强烈纪律观念的员工。

如果公司没有严格的纪律就会使公司处于松散状态，长此以往，公司会逐渐衰败下去。试想，公司的员工如果想来就来，想走就走，把公司当成旅馆，这样的公司还有前途吗？而且这对员工本身也无任何好处，他会把这种散漫带给客户，造成自身的信用危机。

　　作为任何一名员工，既然来到了一家企业和公司，就要安心地工作和生活，必须无条件地遵守企业文化、公司的规章制度。老板最期望的事情就是你可以积极主动地提出工作要求，最乐意听到的就是："还有什么要我做的事吗？"

　　对企业而言，没有纪律，便没有了一切，没有铁的纪律约束，企业员工就失去了责任和目标，就会导致不敬业、没责任、不诚实、不执行等不良现象。任何公司的规章制度是企业的秩序和规范，是确保企业健康有效运行的法则，如果法则遭到破坏，就会扰乱公司的正常秩序，企业的健康发展就会受到影响。

　　陈正和大学毕业后应聘到一个公司上班，他进入公司的第一年中，能够有条不紊地完成老板安排的工作，工作完成后，还会主动询问老板还有没有其他的事情给他去完成。

　　经过两三年后，他已经完全熟悉公司的情况，能够顺利处理本职的业务；这时，老板期望他能够在自己的工作中有一些创意，或向前辈、老板提出一些改进工作的方案等等，也就是希望他更深入地投入工作。

　　到了第四年，陈正和已具有足够的业务经验，老板希望他能够按照指示的目标和方针去思考实施的步骤，进而具有筹划方案并将其付诸实施的执行能力，顺利地成为部门的主管。

　　老板都希望员工能够站在更高层次的立场上思考问题，并有能力把眼光放远，带动周围的人去执行自己的想法；能够了解自己对他们的期望，并能够在实际工作中迎合自己的期望。

工作需要一种主动执行的精神。在老板的眼中，一位员工如果能够正确地抓住老板对他的期望并努力执行，那么这位员工就是一位"有用而可靠的人"，这样的员工理所当然是老板的"至爱"。

如果缺乏这种精神，甚至连领导交代的工作也要一而再，再而三地督促下才能勉强做好，这种被动的态度自然会导致一个人工作效率的下降，久而久之，即使是一再被交代的工作也未必能做好。你要清楚地了解组织的发展规划和你的工作职责后，你就能预知该做些什么，并且应立刻着手去做，而不必等到领导交代。

主动执行是成熟员工与普通员工的重要区别，就是不用别人说就能出色地完成任务，主动是出色完成任务的必要前提。任何公司都喜欢那些主动寻求任务、主动完成任务、主动创造财富的员工。在工作中，我们只有主动接受任务，主动想办法，尽一切可能使任务完成得更好，才会取得长足发展。

工作中，不可能有人会告诉你需要做什么具体的事，也没有人告诉你用什么方式、方法去完成一件任务，而要靠你自己主动思考，在主动工作的背后，需要你付出的是比别人多得多的智慧、热情、责任感、想象力和创造力。

作为一个员工，要去主动地执行其实很简单，你只要从一些最基本的开始做起，例如，准点上、下班，按公司要求着装，不在工作时间干私活，按销售指标完成任务，按信用政策向客户发放信贷，坚持"质量第一，客户至上"的原则，坚持股东利益最大化的原则等。

员工如果想在组织与团队中得到长久的发展，那么就需要努力去加强自己的纪律意识，因为纪律意识是执行力的根本保证。作为员工自然有义务严格遵守公司制度，这将有利于公司正常运行。成熟的员工都必须要做到令行禁止，决定的事和布置的工作必须有反应、有落实、有结果、有答复。

成功的机会往往隐藏在你自动自发、主动执行的每一项工作中。积极主动、尽职尽责地完成工作的人，会使自己更快地成长进步，会给自己赢得更多的成功机会。